AF330574

DES POLYPES

NASO-PHARYNGIENS

AU POINT DE VUE

DE LEUR TRAITEMENT

PAR

LE Dr A.-G. ROBIN MASSÉ

ANCIEN ÉLÈVE DES HÔPITAUX DE PARIS.

PARIS

ADRIEN DELAHAYE, LIBRAIRE-ÉDITEUR

PLACE DE L'ÉCOLE DE MÉDECINE, 23

1864

A. PARENT, Imprimeur de la Faculté de Médecine, rue Monsieur le Prince, 31.

DES POLYPES

NASO-PHARYNGIENS

AU POINT DE VUE

DE LEUR TRAITEMENT

Les chirurgiens qui se trouvaient autrefois en présence des polypes fibreux naso-pharyngiens se désolaient de voir tous leurs efforts impuissants, dans la plupart des cas, pour combattre cette terrible affection. Un grand nombre de procédés avaient cependant été inventés pour l'extirpation de ces polypes ; malgré cela, la maladie récidivait presque toujours.

Depuis quelques années, la chirurgie a fait de grands progrès sous ce rapport. On a cherché des procédés plus radicaux-qui permissent d'enlever le mal jusque dans ses racines. Un grand nombre d'opérations ont été créées dans ce but ; je me propose de passer en revue ce qui a été fait à ce sujet et d'apprécier tous les procédés nouveaux qui se disputent aujourd'hui la préférence. Il est deux méthodes principalement, l'ablation plus ou moins complète du maxillaire supérieur et la résection de la partie postérieure de la voûte palatine, qui ont soulevé de vives discussions ; la dernière surtout a été critiquée avec une certaine partialité ; les partisans de l'ablation du maxillaire l'ont accusée de n'avoir pas fait ses preuves. J'espère pouvoir montrer que, dans les cas où elle est applicable, la méthode de M. le professeur Nélaton doit être préférée aux autres, car elle ne compte pas moins de succès qu'elles, et, de plus, elle a l'avantage de ne laisser qu'une difformité cachée, à laquelle la prothèse chirurgicale peut aujourd'hui facilement remédier.

J'ai rassemblé la plupart des faits consignés dans la science depuis un certain nombre d'années ; ils m'ont permis, je crois, de porter un jugement en connaissance de cause, bien que quelques-uns soient relatés incomplétement par les auteurs. Je n'ai pas l'intention de présenter une étude complète des polypes fibreux naso-pharyngiens ; j'ai cherché dans leur histoire ce qui peut fournir au chirurgien les indications nécessaires pour le guider dans le choix de l'opération. J'aborde ce sujet en reconnaissant son importance et ses difficultés, trop heureux si j'ai pu réussir dans la tâche que je me suis proposée et mériter la bienveillance de mes maîtres.

ANATOMIE.

Je crois utile d'examiner d'abord certains points d'anatomie sur lesquels les chirurgiens ne sont pas encore complétement d'accord, quoique M. le professeur Nélaton ait appelé, depuis plusieurs années, leur attention sur ce sujet.

On ne se rendait pas bien compte autrefois de ce qui se présente à l'œil lorsque l'on regarde au fond de la bouche. De nouvelles recherches ont montré que *la partie de la colonne vertébrale qui correspond au bord inférieur du voile du palais, c'est la base de l'apophyse odontoïde de l'axis.* En introduisant le doigt dans la gorge, on trouve facilement un petit tubercule situé un peu au-dessus du bord libre du voile. Cette petite saillie, qu'il est très-facile de reconnaître sur le vivant, c'est le *tubercule antérieur de l'atlas ;* c'est un point de repère précieux pour l'examen de l'arrière-cavité des fosses nasales. En effet, *juste au-dessus de lui finit la colonne vertébrale et commence l'apophyse basilaire de l'occipital.* (Voyez pl. 1.)

On croyait aussi qu'en prolongeant en arrière la partie horizontale de la voûte palatine on tombait sur la colonne vertébrale ; c'est une erreur : cette ligne de prolongement, ainsi que l'a fait remarquer

M. Nélaton, passe ordinairement au-dessus du bord supérieur de l'atlas. J'ai pu faire moi-même, grâce à l'obligeance de M. le Dr Péan, prosecteur des hôpitaux, sur trente sujets, des coupes verticales de la tête, passant par le plan médian, pour vérifier ce fait. Je me suis servi d'une petite tige d'acier coudée à angle droit, de manière à pouvoir l'appliquer sur la partie postérieure de la voûte et la faire glisser jusqu'à la colonne vertébrale sans être gêné par le rebord alvéolaire (pl. II, fig. 1). Je suis arrivé aux résultats suivants. Cette prolongation de la voûte tombait :

25 fois au niveau du point indiqué,

1 fois à 3 millimètres au-dessous,

4 fois, à 5, 10, 12 et 15 millimètres au-dessus.

J'ai pu voir également que, comme l'avait dit M. Nélaton, l'apophyse basilaire ne fait, avec la colonne vertébrale, qu'un angle à peine marqué (1). Quand on examine les malades, ils rejettent forcément la tête en arrière et il est certain qu'alors tout angle disparaît, comme l'on peut s'en assurer en introduisant le doigt recourbé en crochet derrière le voile du palais, et en le faisant remonter du tubercule dont j'ai déjà parlé, jusqu'à la partie supérieure du pharynx. Le seul moyen de savoir exactement où l'on se trouve est donc de se servir du point de repère déjà indiqué.

Un point fort important que m'a démontré l'examen des têtes, c'est qu'une ligne partant entre les deux incisives moyennes supérieures et touchant le bord postérieur de la voûte palatine, tombe toujours beaucoup au-dessus de l'articulation atloïdo-occipitale. De plus, en enlevant 1 centimètre ou 1 centimètre et demi de la partie postérieure de la voûte palatine, et réséquant une portion plus ou moins grande du vomer, on découvre toujours les parois latérales et postérieures du pharynx, les trompes d'Eustache, l'apophyse basilaire, le corps du sphénoïde, le bord postérieur et la face interne des apophyses ptérygoïdes, l'extrémité postérieure des cornets inférieurs

____

(1) M. Delore a même été jusqu'à nier complétement son existence.

et moyens dans l'étendue de plus d'un centimètre et la partie postérieure de la lame criblée de l'ethmoïde.

Je ne m'arrêterai pas à donner les dimensions du pharynx, car, les polypes déformant toutes les parties molles, des mesures prises sur l'homme sain n'auraient aucune utilité. Il n'en est pas tout à fait de même de l'examen des distances qui séparent les parties osseuses de la voûte pharyngienne des différents points de la face, par où l'on a voulu attaquer les polypes. J'ai sur 30 sujets de 20 à 60 ans mesuré les distances de l'articulation sphéno-occipitale aux points suivants :

1° A l'articulation des os propres du nez avec le frontal ;

2° A l'épine nasale antérieure et inférieure ;

3° A l'extrémité des dents incisives moyennes, quand j'ai pu les trouver sur les cadavres mis à ma disposition ;

4° Au rebord alvéolaire du maxillaire supérieur sur la ligne médiane, en suivant la ligne droite ;

5° Au même rebord alvéolaire en suivant la ligne brisée qui, arrivant au même point, passerait par la partie postérieure de la voûte osseuse de la bouche.

Voici les résultats :

	1	2	3	4	5
N° 1	90 millim.	80 m.	»	83 m.	»
2	69	65	69 m.	65	66 m.
3	71	80	»	78	86
4	85	80	85	85	89
5	77	80	87	80	84
6	78	77	82	78	82
7	84	81	90	87	88
8	78	85	»	83	84
9	78	70	82	77	80
10	74	74	85	78	81
11	85	83	93	86	87
12	»	95	97	94	»
13	89	90	98	94	97
14	76	77	»	82	83
15	75	74	»	75	77
16	81	81	89	80	83

	1	2	3	4	5
Nº 17	82 millim.	77 m.	85 m.	80 m.	81
18	78	76	»	76	77
19	77	88	»	83	85
20	74	72	84	79	87
21	80	83	92	88	91
22	74	73	83	77	79
23	78	77	»	77	80
24	83	81	98	91	93
25	75	74	»	79	80
26	70	67	»	73	76
27	81	76	»	77	78
28	79	76	»	84	86
29	77	78	»	80	83
30	78	73	»	68	70

Ce tableau nous donne les moyennes suivantes :

Nº	m.		m.
1	78, 4	limite inférieure..........	69
	—	— supérieure..........	90
2	78, 1	limite inférieure..........	65
	—	— supérieure..........	95
3	67, 4	limite inférieure..........	69
	—	— supérieure..........	98
4	89, 9	limite inférieure..........	65
	—	— supérieure..........	94
5	82, 6	limite inférieure..........	66
	—	— supérieure..........	97

On voit que rien n'est variable comme le rapport entre ces différentes distances, et que l'on ne peut s'appuyer sur elles pour prétendre trouver un chemin plus court d'un côté ou de l'autre.

Sur la 12ᵉ tête, la ligne qui va directement de l'articulation sphéno-occipitale au rebord alvéolaire, passe au-dessous de la partie postérieure de la voûte osseuse.

IMPLANTATION.

Je vais rappeler brièvement ce qui a été dit de l'implantation de ces polypes; la plupart des chirurgiens sont du reste maintenant d'accord sur ce sujet. Il résulte, en effet, des autopsies publiées (1), des pièces anatomiques présentées aux différentes sociétés savantes, et des discussions auxquelles elles ont donné lieu, que ces tumeurs fibreuses ont un point d'implantation fixe. C'est le périoste très-épais qui recouvre la face inférieure de l'apophyse basilaire de l'occipital et du corps du sphénoïde. Ces tumeurs naissent en avant des muscles grands et petits droits antérieurs de la tête. (Voyez pl. II, fig. 2 et 4.)

Depuis longtemps déjà, M. Nélaton a démontré que les polypes

---

(1) Voici les autopsies que j'ai pu trouver :

1° *Malade de Wately* (*Edinburgh med.-surg. Journal*, octobre 1805). Polype implanté à l'apophyse basilaire (*Appréciation de la valeur des résections osseuses*, par Ch. Sarazin, 1852).

2° On pourra voir plus loin l'autopsie d'un malade de M. Syme, d'Édimbourg, chez lequel l'implantation se faisait aussi à l'apophyse basilaire avec des adhé-rences secondaires au pourtour des orifices postérieurs des fosses nasales. (Voir page 30.)

3° Fosson, mort le 2 janvier 1850. Polype implanté à l'apophyse basilaire, à la partie adjacente du sphénoïde, à la base de la face interne de l'apophyse pté-rygoïde, adhérences à la partie postérieure du cornet moyen et du méat supé-rieur.

4° *Malade de M. Giraldès* (Société de chirurgie, 3 avril 1850). Insertion à l'apophyse basilaire par un pédicule très-épais.

5° *Fait de M. Huguier* (Société de chirurgie, 13 mars 1852). Implantation au tissu qui entoure le trou déchiré antérieur; adhérences aux apophyses ptérygoïdes.

6° Leprêtre, mort le 5 mars 1854. Insertion à l'apophyse basilaire, à la partie du sphénoïde qui lui fait suite et aussi à la base de la face interne des deux apo-physes ptérygoïdes.

7° *Fait de M. Guersant* (Société de chirurgie, 3 avril 1854). Pédicule inséré à l'apophyse basilaire, adhérences à la face interne, à la base des apophyses pté-rygoïdes.

8° *Fait de M. Marjolin* (Société de chirurgie, 15 mai 1861). Enfant de 2 ans. Implantation au périoste de l'apophyse basilaire et de la partie inférieure du corps du sphénoïde.

fibreux naso-pharyngiens ne s'insèrent jamais aux vertèbres cervicales; cependant on voit encore MM. Michaux et Robert soutenir que cela est possible. Cette opinion est basée précisément sur les erreurs anatomiques dont j'ai parlé plus haut; c'est-à-dire sur la croyance que les vertèbres cervicales dépassaient en hauteur le niveau de la voûte palatine. On comprend difficilement du reste que M. Michaux ait cru voir un polype s'insérer jusqu'à la quatrième vertèbre cervicale. Cette tumeur aurait en effet obstrué tout le pharynx et serait même descendu au-dessous de l'orifice du larynx; ce qui n'avait point lieu sur son malade. M. Robert disait aussi que, sur un de ses malades, le polype s'insérait aux vertèbres cervicales; mais, dans une discussion qui eut lieu à ce sujet au sein de la Société de chirurgie, M. Lenoir lui répliqua qu'il ne comprenait pas comment cela pouvait se faire, puisque la paroi postérieure du pharynx n'était pas refoulée par le polype. M. Robert répondit que M. Gerdy a cité un cas de ce genre, et qu'il ne saurait d'ailleurs en donner d'autre explication. Remarquons que dans l'observation, telle qu'elle fut donnée à la Société de chirurgie, il a été dit que son implantation avait lieu sur la face supérieure du pharynx vers la colonne vertébrale, et que rien n'était précisé.

Il existe encore une autre cause d'erreur qui a pu en imposer quelquefois au chirurgien, c'est que des polypes nés dans le périoste des os de la base du crâne, tout en soulevant la muqueuse pour se porter vers les fosses nasales, ont pu aussi se glisser entre cette muqueuse et les vertèbres cervicales sans y adhérer, comme un examen insuffisant l'avait fait croire.

On s'est trompé souvent aussi parce que, ayant en main des pièces incomplétement préparées, on a pris pour des pédicules ce qui n'était que des adhérences contractées par des polypes ultérieurement à leur développement primitif. Ainsi on a présenté à la Société anatomique (février 1860) une pièce à laquelle on a voulu faire prouver que l'insertion des polypes peut se faire ailleurs qu'à la base du crâne; cette pièce souleva une vive discussion, et MM. Houel, Dolbeau et Péan, soutinrent, après examen, que l'insertion se faisait bien à l'apophyse basilaire, et qu'on avait pris des adhérences secondaires pour d'autres points d'implantation. J'ai vu cette pièce, qui, depuis sa présentation à la Société anatomique, a été disséquée et conservée par M. Nélaton. L'insertion à l'apophyse basilaire n'est pas douteuse, comme on peut s'en convaincre en examinant le dessin qui en a été fait par M. Bion et que j'ai fait reproduire (pl. II, fig. 2, 3 et 4).

Du reste, dans un grand nombre d'observations, je n'ai trouvé à ce sujet que des renseignements tout à fait insuffisants, on se contente souvent de dire que le polype adhère à tel ou tel point, sans distinguer en rien l'implantation des adhérences consécutives.

Il existe enfin une dernière cause possible d'erreur; des polypes descendus à la surface des premières vertèbres ont pu les éroder, et lorsqu'on les enlève par arrachement, un examen superficiel pourrait faire croire que cette érosion correspond à l'insertion présumée du polype.

Je tiens à ne pas laisser passer sans y répondre une assertion de M. Dubois (d'Abbeville), qui insiste sur l'existence d'une double insertion de la masse polypeuse chez un malade (v. 1er tabl., n° 10; Soc. chir., 18 mars 1863. Note de la page 151 de la *Gazette des hôpitaux*, 1863). La preuve qu'il en donne est loin d'être convaincante; il présente un moule en plâtre coulé sur le polype après l'arrachement, et il dit : « On constate en effet (sur le moule) entre les deux surfaces d'adhérences rugueuses et déchirées une gouttière lisse qui les sépare nettement. » Mais il ne faut pas confondre des surfaces d'adhérences avec des implantations. Il y a ici une surface d'adhérence rugueuse (la postérieure) qui, comme le dit M. Dubois, est bien une implantation à l'apophyse basilaire; mais l'autre surface rugueuse et déchirée qui correspond à l'apophyse ptérygoïde n'est plus qu'une adhérence consécutive avec cette apophyse, qui a été rompue par l'arrachement. Cette seconde surface est séparée de la première par une gouttière lisse, là où le polype était resté libre de toute adhérence.

MARCHE.

Le début de l'affection (1) passe généralement inaperçu ; le malade n'a nullement conscience de son mal ; il se plaint seulement d'hémorrhagies nasales fréquentes. L'écoulement de sang peut se faire à la fois par la partie antérieure du nez et par l'arrière-gorge, et être assez considérable pour menacer la vie et exiger le tamponnement des fosses nasales. En même temps la respiration nasale est un peu gênée ; il y a une sorte d'enchifrènement qui porte le malade à se moucher fréquemment, et plus il se mouche, plus l'enchifrènement augmente ; cette gêne de la respiration va toujours croissant. Si l'on examine alors la cavité nasale, l'on trouve dans l'une

---

(1) On sait que cette maladie atteint en général des individus jeunes. J'ai rassemblé 99 cas de polypes fibreux naso-pharyngiens : dans 12, l'âge n'est pas indiqué ; dans 1, il est dit seulement que le malade est un jeune homme ; enfin, dans 86, l'âge est donné.

1 cas à 2 ans	2 cas à 14 ans	7 cas à 19 ans	2 cas à 24 ans	1 cas à 31 ans
1 — 5 —	11 — 15 —	3 — 20 —	4 — 25 —	1 — 40 —
1 — 9 —	5 — 16 —	8 — 21 —	1 — 26 —	1 — 49 —
3 — 12 —	7 — 17 —	7 — 22 —	1 — 27 —	1 — 50 —
1 — 13 —	9 — 18 —	3 — 23 —	4 — 30 —	1 — 55 —

On voit que c'est entre 15 et 22 ans que nous voyons la maladie se montrer le plus souvent, et encore dans ce tableau n'avons-nous pas l'âge auquel la maladie a débuté, mais bien celui qu'avait le malade lors de son entrée à l'hôpital.

Pour M. Nélaton, les 4 derniers cas ne sont à coup sûr pas des polypes, à cause de l'âge avancé des malades ; de plus, les sujets, de 49 et 55 ans, sont des femmes. M. Nélaton ne connaît pas de cas authentique de polype fibreux nasopharyngiens chez la femme, il n'en connaît pas non plus chez des individus ayant dépassé 35 ans. M. Richard affirme que la femme de 55 ans qu'il a opérée portait bien un polype fibreux et non un cancer.

Un fait récent vient confirmer encore l'opinion de M. Nélaton : sur une femme assez âgée du service de M. Richer à la Pitié, on diagnostiqua un polype fibreux de la base du crâne, la tumeur fût enlevée, et il se trouva que l'on avait affaire à un enchondrome.

des narines une tumeur dure, résistante, qui s'avance plus ou moins vers l'orifice antérieur et saigne assez facilement quand on la touche. La tumeur se développe aussi du côté de l'arrière-bouche et, venant à repousser le voile du palais, diminue l'espace traversé par les aliments et détermine des envies de vomir fatigantes pour le malade. Ou bien encore, le polype, par son volume, empêche le pharynx d'embrasser exactement le voile du palais, d'où résulte une autre conséquence, savoir : le retour par les fosses nasales d'une partie des liquides qui traversent l'isthme du gosier.

Les hémorrhagies reviennent toujours fréquemment et commencent à épuiser le malade; il s'y joint souvent un écoulement séro-purulent qui peut être très-fétide. La tumeur, abandonnée à elle-même, continue sa marche envahissante, et peut amener les plus grands désordres dans toutes les parties de la face. Le plus ordinairement elle n'a pénétré que dans une seule narine; mais en se développant, elle repousse la cloison et l'applique sur la paroi de l'autre côté, ou bien au lieu de la repousser, agissant sur elle par compression ou par ulcération, elle la détruit plus ou moins complétement, la perfore et passe dans l'autre fosse nasale qu'elle remplit. Le polype a rencontré, du côté externe, les cornets du nez qu'il détruit aussi; il parvient à la paroi antérieure du sinus maxillaire, tantôt le refoule sans pénétrer dans la cavité, tantôt le détruit, ou passe par l'ouverture du sinus et vient s'y étaler. On l'a vu alors refouler ou détruire la partie antérieure du sinus et faire saillie sous la joue. Ce prolongement nasal de la tumeur déforme le nez, l'élargit et peut venir sortir par une des ouvertures antérieures. Il déprime quelquefois fortement la voûte palatine, au point de la rendre convexe du côté de la bouche. Il peut la réduire à une simple lame parcheminée, et même la perforer et pénétrer ainsi dans la cavité buccale, où on le voit encore arriver en chassant une ou plusieurs dents, détruisant leurs alvéoles et s'insinuant à leur place; ou bien encore en perforant le voile du palais.

La tumeur peut encore comprimer le canal nasal, produire ainsi de l'épiphora et une tumeur lacrymale. Dans une observation de Paletta, un prolongement du polype sortait par une fistule lacrymale. Le polype peut envoyer aussi des ramifications vers les sinus frontaux et sphénoïdaux. M. Chassaignac a vu , chez un de ses malades, tous les sinus du nez ne faire plus qu'une vaste cavité remplie par la tumeur. La tumeur, détruisant l'unguis ou passant par la fente sphéno-maxillaire, pénètre dans l'œil et détermine de l'exorbitisme, qui peut aussi venir du refoulement du plancher de l'orbite par un prolongement de la tumeur dans le sinus maxillaire. Quelquefois elle comprime ou tiraille le nerf optique et détermine ainsi une cécité plus ou moins complète.

Très-fréquemment le polype s'effile pour envoyer un prolongement à travers le trou sphéno-palatin qu'il élargit, il passe de là par la fente sphéno-maxillaire, se glisse entre les deux mâchoires, produit la gêne de la respiration et vient s'épanouir dans la joue; il remonte même jusque dans la fosse temporale, en passant au-dessous de l'arcade zygomatique. La tumeur peut suivre encore une autre voie pour pénétrer dans ces régions. Il existe sur les parois latérales du pharynx un interstice musculaire limité, en avant par les muscles ptérygoïdiens, en arrière par le groupe des styliens. Les polypes y cheminent parfois pour venir se montrer à la face. MM. Maisonneuve et Chassaignac en ont vu qui passaient entre les deux ptérygoïdiens pour se rendre dans cette même direction. On a vu quelquefois des kystes séreux dans l'intérieur de ces prolongements.

Ces tumeurs peuvent produire une surdité plus ou moins complète en comprimant les deux trompes d'Eustache ; dans ce cas, il se produit souvent un écoulement purulent par l'oreille. On a vu de ces polypes, après avoir ulcéré la muqueuse du pharynx, venir corroder en partie une ou plusieurs vertèbres (Vallet, obs. 2).

Ils peuvent encore venir toucher la base de la langue et refouler celle-ci hors de la bouche ; enfin, trouvant des os trop résistants pour les briser, ils produisent leur luxation , ce qui arrive souvent pour les os du nez, et même pour les maxillaires supérieurs (une observation de Levret, une de Paletta) ; M. Giraldès (Soc. de chir., 18 avril 1860) cite une observation de M. Prescott-Hervett, chirurgien anglais, où le polype avait enveloppé tout le maxillaire supé-

3

rieur, resté sain, dans sa masse morbide, disposition qui ne fut reconnue qu'à l'autopsie. C'est le seul cas de ce genre que j'aie rencontré.

Il est très-rare que peu de temps après le début ces polypes n'aient pas contracté des adhérences avec les points qu'ils compriment ; ainsi chez un enfant de 2 ans, du service de M. Marjolin (Soc. de chir., 15 mai 1861), il y avait de très-nombreuses adhérences au voile du palais et à presque tout le pourtour des ouvertures postérieures des fosses nasales. Souvent ils causent des inflammations qui se terminent par ulcération, et quelquefois par gangrène, soit de la cavité qui les contient, soit d'eux-mêmes. Ce dernier cas est le plus heureux, car alors une partie plus ou moins grande du polype peut se détacher, on cite même quelques guérisons arrivées de cette manière. Saviard (*Recueil d'obs. chir.*, p. 112 ; in-8°. Paris, 1784) raconte l'histoire d'un malade dont le polype tomba ainsi tout entier, le malade guérit. Un autre malade rejeta aussi un polype par la bouche en se mouchant (obs. d'un anonyme, bibl. de Bonnet, t. IV, obs. 92, p. 457). Ces cas sont malheusement bien rares. Dans une observation que je rapporterai plus loin (obs. 8, p. 59), prise dans le service de M. Denonvilliers, le malade rendit aussi par la bouche une partie de la tumeur.

Dans les cas dont je viens de parler, le mal n'est point au-dessus des ressources de l'art ; mais, quand on n'intervient pas, il peut arriver des accidents beaucoup plus graves, car ils ne laissent plus aucune chance de salut. C'est lorsque ces polypes détruisant les os de la base du crâne arrivent à y pénétrer soit par les sinus sphénoïdaux, soit par la lame criblée de l'ethmoïde. Ils peuvent encore pénétrer dans le crâne par les trous du sphénoïde ou la fente sphénoïdale.

Ils contractent alors des adhérences avec la dure-mère, la perforent, produisent autour d'eux des suppurations et déterminent des phénomènes de compression du cerveau, du coma et la mort. Samuel Cooper vit un malade à l'hôpital Saint-Barthélemy de Londres, qui portait un énorme polype des deux fosses nasales, chez lequel les deux yeux étaient écartés de 4 pouces, l'œil gauche état complétement amaurotique. Quinze jours avant la mort, arriva de la paraplégie et de la paralysie de la vessie pendant les huit derniers jours. Il mourut dans le coma sans douleur. Une partie du polype, grosse comme une orange, pénétrait dans le crâne; le lobe antérieur de l'hémisphère gauche était presque entièrement détruit. (Dict. en 30 vol., art. *Nez*, *Polype*, A. Bérard, t. XXI, p. 99.)

Je viens d'exposer la marche des polypes abandonnés à eux-mêmes. Ils ne présentent pas toujours, il est vrai, des accidents aussi graves, cependant on peut dire qu'ils suivent une marche généralement assez rapide dont le terme ordinaire est la mort. Quant au temps qu'ils mettent pour en arriver là, il est impossible de le fixer. Il suffit généralement de quelques années, les malades meurent jeunes, et cela pour plusieurs causes; ils sont épuisés par des hémorrhagies répétées. Ces malades, déjà affaiblis, ne respirent plus du tout par le nez, fort mal par la bouche, ils ont des suffocations fréquentes d'où résulte une hématose incomplète, une asphyxie lente (1).

Une autre cause d'épuisement est l'écoulement sanieux qui se fait souvent par le nez et par le pharynx et que peut occasionner une infection putride. La fin des malades peut encore être hâtée par la privation du sommeil fréquemment interrompu par la suffocation et par l'acuité et la continuité des douleurs qui résultent de la compression des nerfs. Il est à remarquer que cette grande dyspnée augmente beaucoup pendant la nuit. Enfin la tumeur pénétrant dans le crâne peut donner lieu à des accidents cérébraux promptement mortels.

---

(1) Je citerai comme exemple de mort par asphyxie les deux cas suivants : Un enfant de 2 ans entra dans le service de M. Marjolin, le 11 avril 1861, avec un polype fibreux naso-pharyngien; il mourut quarante-huit heures après (Soc. de chir., 15 mai 1861). Un autre enfant, de 5 ans, vu par M. le Dr Vanier et MM. Nélatou et Richard, portait une tumeur de même nature qui datait de quatre à cinq mois, les narines et les arrière-narines étaient comblées, il y avait un commencement d'ulcération de la voûte palatine ; le mal fit des progrès effrayants; la voûte palatine fut détruite en six semaines, la cavité buccale fut presque entièrement envahie et la mort par asphyxie arriva au bout de sept semaines. (Thèse Beuf, 7 mai 1857, p. 24.)

Les accidents peuvent être pendant quelque temps stationnaires et tout d'un coup se développer avec une rapidité telle que la mort arrive en quelques jours. En voici un exemple dans l'observation suivante que j'ai recueillie dans le service de M. le professeur Nélaton, en 1856.

OBSERVATION Ire.

État le 16 janvier 1856. — X....., couché au n° 14 de l'hôpital des Cliniques. Il présente le facies caractéristique des malades atteints de polypes naso-pharyngiens. L'œil est déplacé, il est légèrement procident, la moitié latérale gauche du nez est déformée, elle présente un léger soulèvement extérieur. En examinant l'intérieur des fosses nasales, on ne voit rien à l'œil nu, mais en introduisant le petit doigt dans la narine gauche, on sent un corps dur, arrondi, qui fait obstacle; il se présente avec le caractère des productions fibreuses, le passage de l'air est complétement impossible de ce côté. Du côté de la cavité buccale, on trouve différentes déformations, la voûte palatine, de concave qu'elle était, est devenue convexe dans la partie qui correspond au plancher de la fosse nasale gauche. Mais il faut bien remarquer qu'elle n'a pas changé de forme dans la partie qui correspond au sinus maxillaire de ce côté. Ce qui prouve bien qu'il n'y a pas là de kyste de cette cavité, comme l'avait diagnostiqué un médecin de la ville. La muqueuse présente d'ailleurs ses caractères normaux. Le voile du palais est légèrement bombé et l'on voit qu'il est plus rapproché de l'orifice buccal que dans l'état normal. En introduisant le doigt dans la bouche et en pesant sur le voile du palais, on sent une résistance, on ne peut le repousser. En introduisant un seul doigt derrière le voile, on ne sent rien, mais en en mettant deux, on sent une tumeur résistante. Le doigt ne permet pas de préciser le point d'insertion de ce polype.

Depuis que ce malade est dans les salles, il reste volontiers au lit et même depuis quelques jours il se trouve beaucoup plus fatigué et ne veut plus se lever. Il se plaint d'essoufflement, de céphalalgie persistante dans toute la partie antérieure du front. Ce malade dit en éprouver souvent depuis trois ans, mais ordinairement les douleurs ne duraient qu'un jour ou deux. Cette fois, elles persistent et sont bien plus fortes. Il se plaint aussi d'envie de vomir.

On trouve ici des troubles sensoriaux très-importants, la vue est presque complétement abolie à gauche, la surdité est complète de ce même côté. Ces symptômes sont arrivés en quelques jours, ce qui prouve que la tumeur fait de rapides progrès de ces deux côtés; car ici l'exorbitisme est assez faible, et, quand la marche de la tumeur est lente, il peut être porté très-loin, sans amener une altération bien grande de la vue. Hier, le pouls n'avait que 52 pulsations, il n'en a plus que 48.

Le 21 janvier, le pouls ne s'est pas relevé, la vue est maintenant abolie dans les deux yeux. Il y a chez ce malade une sorte d'état typhoïde qui nous indique très-probablement que depuis quelques jours un prolongement de la tumeur s'est fait jour vers la cavité crânienne.

Le malade mourut quelques jours après.

———

TRAITEMENT.

Après avoir montré quelle était la marche ordinaire des polypes fibreux naso-pharyngiens, je vais maintenant rechercher quels sont les moyens que l'on doit opposer à ce mal. Je n'ai à présenter aucun traitement interne, car il n'en est pas qui puisse en enrayer la marche. Ceux qui en sont affectés ne peuvent attendre de secours que de la médecine opératoire.

Je passerai d'abord en revue les opérations simples appliquées par les chirurgiens anciens et modernes. J'arriverai ensuite à l'étude des méthodes plus compliquées généralement employées aujourd'hui pour combattre cette terrible affection.

Voici les méthodes simples :

Exsiccation, cautérisation, excision, arrachement, déchirement, broiement, séton, ligature et compression.

Exsiccation. — Ceux qui l'employaient avaient pour but, par l'usage de solutions ou de poudres astringentes, de dessécher le polype, de diminuer son volume, et de le faire rester à l'état stationnaire ; cette méthode remonte à la plus haute antiquité et il nous en reste de nombreuses formules qui ne méritent pas d'être tirées de l'oubli dans lequel elles sont tombées.

Cautérisation. — Cette méthode est aussi ancienne que la précédente. Hippocrate et Paul d'Égine se servaient du fer rouge, en en garantissant assez mal les parties voisines avec une canule métallique. Ambroise Paré l'employait encore , mais Dionis la blâme fortement. Les anciens employaient aussi la cautérisation potentielle, soit avec des liquides, soit avec des poudres escharotiques. Le nitrate acide de mercure, le nitrate d'argent, la potasse, le caustique de Vienne solidifié, le chlorure d'antimoine, l'ellébore noir en poudre, et bien d'autres caustiques, furent tour à tour mis en usage.

L'action de ces agents chimiques, dont la puissance est incontestable, ne pouvait guère réussir entre leurs mains, car ignorant le mode d'implantation de ces polypes, ils ne pouvaient les attaquer qu'au hasard.

Excision. — Celse et Paul d'Égine avaient déjà pratiqué cette opération. Ce dernier employait une espèce de spatule tranchante, on s'est servi depuis du bistouri et des ciseaux. Pour rendre l'opération plus facile , le chirurgien anglais Wathely se servit d'un fil conduit dans la bouche par la narine. Un des chefs de ce fil s'engageait dans un trou pratiqué à la pointe d'un bistouri boutonné et servait à diriger cet instrument sur la base du polype qu'il coupait. M. Dauvergne opère à peu près de la même manière. Il fait exécuter au bistouri un mouvement de scie en tirant alternativement sur l'instrument et sur le fil. C'est toujours une opération longue et difficile. On n'est jamais sûr d'enlever complétement le pédicule et l'on s'expose à de graves hémorrhagies.

Arrachement. —Cette méthode est beaucoup plus vieille qu'on ne l'avait dit, car Hippocrate la pratiquait déjà au moyen d'une éponge passée derrière la tumeur et tirée avec un fil, ou bien encore en se servant d'une corde de nerfs ; pour passer le fil ou la corde il employait une verge d'étain à chas (Hipp., trad. Littré, t. VII, *des Maladies*, liv. II, p. 51-53). Cette méthode resta ensuite longtemps sans être employée, il faut arriver jusqu'à Fabrice d'Aquapendente (XVIe siècle), pour trouver un instrument qui permette réellement son application. Les *pincettes* qu'il inventa furent ensuite modifiées par différents chirurgiens ; et à l'époque de Dionis c'était la méthode qui avait remplacé à peu près toutes les autres.

Jean-Louis Petit, Garengeot, Ledran, l'employaient presque exclusi-
vement. En 1759, Le Triat employa le premier une méthode d'arrachement qu'on attribue ordinairement à Morand (mém. de M. Verneuil, *Gaz. hebd.*, an 1860, p. 392) et qui consiste à se servir de
deux doigts, agissant en sens contraire, pour pousser alternativement le polype par le nez et par la gorge. Il réussit ainsi à le
détacher.

Déchirement. — Paul d'Égine introduisait dans le nez de ces
malades un fil noûeux qu'il faisait passer de l'autre côté par la bouche et frottait la surface en tirant successivement sur chacun des
bouts du fil. On a aussi employé dans ce but un stylet autour duquel
un fil de laiton était enroulé en spirale.

Broiement. — Cette méthode a été créée par M. le professeur Velpeau en 1847 ; voici en quoi elle consiste : Le chirurgien introduit
par la narine une pince à mors larges, et fortement dentée, avec
laquelle il serre successivement les portions du polype qui se présentent ; il les réduit ainsi en lambeaux qui se gangrènent et sont
entraînés au moment où le malade se mouche. Cette méthode n'a
été appliquée, je crois, que deux fois et par son auteur.

Séton. — Il a été employé soit pour enlever le reste du pédicule,
soit pour faire tomber la tumeur tout entière.

Ligature. — Elle remonte au moins à Guillaume de Salicet (comm.
du XIIIe siècle). C'est une méthode d'une application extrêmement
difficile, et ce qui le prouve, c'est la quantité innombrable de procédés et d'instruments inventés pour porter le lien sur la base du
polype. Je ne m'arrêterai pas à les décrire, car ils ne sont plus employés aujourd'hui.

Compression. — M. Lamauve, de Rouen, la pratiqua en 1807 avec
un espèce de tampon semblable à celui qu'on emploie contre l'épistaxis rebelle ; il n'a été imité par personne, parce que ce moyen

n'offre aucune sécurité et qu'il est très-douloureux. M. Malinverni comprima le pédicule de la tumeur dans une pince qu'il laissa jusqu'à ce qu'elle tombât avec le polype, il y eut récidive (*Gazette médicale*, 1845, p. 270). M. Letenneur (de Nantes) en 1856 (*Journal de la Société acad. du départ. de la Loire-Inférieure*, 1858, p. 191) employa encore l'écrasement combiné avec l'arrachement pour une tumeur datant de trois ans sur un malade qui avait déjà subi dix-huit tentatives d'arrachement et un essai infructueux de ligature. Il saisit le polype avec de longues pinces, analogues à l'entérotome de Dupuytren, mais recourbées. Une petite portion de la tumeur fut ainsi enlevée. Cette opération fut renouvelée à plusieurs reprises, enfin une dernière fois le pédicule fut saisi solidement, l'instrument fut laissé en place; le lendemain il lui imprima des mouvements en sens divers et fit d'énergiques tractions; un craquement se produisit; quelques jours après les débris de la tumeur tombèrent. Deux ans plus tard, il n'y avait pas de récidive.

Généralement on ne se contentait pas d'employer un seul des procédés que nous venons de décrire, le plus souvent on les combinait ensemble et même les chirurgiens de l'antiquité avaient compris qu'après l'ablation des polypes par les autres procédés il fallait cautériser le pédicule.

Les chirurgiens reprochaient d'ailleurs à leurs méthodes deux défauts : le premier, c'est qu'ils ne voyaient pas ce qu'ils faisaient; le second, qu'ils étaient fort gênés dans l'exécution de l'opération. Aussi l'idée leur vint de faire subir aux malades des *opérations préparatoires* afin d'attaquer plus sûrement le polype. Hippocrate fendait l'aile du nez, et Dionis dit que le procédé fut employé pendant des siècles. G. de Salicet dilatait l'entrée des narines avec de l'éponge préparée.

Manne d'Avignon (1717) incisa le voile du palais sur la ligne médiane et enleva par cette voie quatre polypes au moyen de l'arrachement (voy. pl. II, fig. 5). Cette méthode fut souvent employée depuis.

Certains chirurgiens veulent encore la conserver dans la pratique, cependant les résultats avec les moyens d'extirpation connus jus-

qu'ici sont peu encourageants. Par exemple, sur huit opérés, Dieffembach eut deux morts, deux récidives, une opération incomplète,
deux résultats inconnus et une seule guérison constatée après plusieurs années (*Gaz. hebd. de méd. et de chir.*, an 1860, p. 38).
Mais il ne faut pas oublier que Dieffembach n'employait pas ordinairement les cautérisations après ses opérations de polypes ; le
seul malade sur lequel il les mit en usage fut guéri.

M. Nélaton, dans un cas où la tumeur n'était pas très-volumineuse, a aussi obtenu un succès par ce moyen. Voici l'observation
qui a été recueillie par M. Péan et qui m'a été communiquée par
M. Nélaton.

OBSERVATION II.

Lejeune (Eugène-Théophile), 22 ans, cultivateur à Nointel (Oise) ; entré le 2 décembre 1859, dans le service de M. Nélaton, hôpital des Cliniques.

Ce malade fait remonter à dix-huit mois le début de son affection ; il n'avait
d'abord qu'un peu d'enchifrènement ; son sommeil devient bruyant, il rouflait ; il
n'y a que six mois qu'il a commencé à se préoccuper de sa maladie parce qu'il
fut pris d'hémorrhagie ; il alla alors consulter un médecin qui lui déclara qu'il
avait un polype naso-pharyngien. Il dit qu'il a perdu jusqu'à 2 litres de sang, en
une seule fois ; il y a évidemment là de l'exagération ; mais, ce qui est certain,
c'est que ces hémorrhagies sont répétées très-fréquemment et que le malade, qui
était autrefois très-rouge, est devenu pâle et faible.

La voix est nasonnée, l'air ne passe pas par la narine droite et à peine par la
gauche. Au fond de la narine droite est un corps rouge mamelonné, le doigt qui
peut le toucher sent une dureté moyenne. En ouvrant la bouche, on voit qu'à
droite le voile du palais est fortement repoussé en avant. Au lieu de présenter
une concavité, il montre une convexité ; si l'on veut le repousser, on sent qu'il
est soutenu en arrière par un corps résistant, et l'on sent très-bien un corps arrondi et un peu mobile. A gauche, la déformation n'existe pas ; en relevant la
luette avec une pince, on voit de suite la tumeur ; il y a chez ce malade un défaut
de symétrie de la face, quoique cela soit peu accusé ; le côté droit est évidemment plus développé que le gauche ; la région génienne présente un commencement de déformation ; le volume de la tumeur est médiocre, car la fosse nasale
elle-même n'est pas déformée, mais elle est remplie ; le prolongement qui déprime le voile du palais occupe à peu près complétement l'arrière-cavité des
fosses nasales.

La tumeur est solide et résistante ; il n'y a pas ici de doute à avoir, l'implan-

4

tation de la tumeur se fait bien à la face antérieure de l'apophyse basilaire, et se prolonge un peu sur la face inférieure du sphénoïde ; il est presque impossible à ce malade de respirer par le nez. La déglutition est gênée, mais pas autant que cela se voit chez un grand nombre de malades.

L'opération est faite le 18 décembre 1859, par la seule incision du voile du palais. Le 20 décembre, la tumeur est enlevée avec le serre-nœud ; le pédicule de la tumeur est détruit par des cautérisations avec la potion chlorure de zinc.

Le 2 mars 1860, on a été obligé de suspendre les cautérisations à cause d'un état fébrile avec érythème noueux. Depuis quelque temps, il y avait des douleurs vives qui partaient de la base du crâne et s'irradiaient dans la tête ; c'était l'indice d'un travail profond. En effet, il y eut une otite intense qui était due à la propagation de l'inflammation du polype produite par les ligatures ; aussi a-t-on été obligé aujourd'hui de perforer la membrane du tympan ; il s'est écoulé un flot de pus.

Ce malade est sorti guéri le 20 avril 1860 ; il a été souvent revu depuis par M. Nélaton et la guérison s'est maintenue.

Adelmann (7 août 1843) opéra un malade porteur d'un polype qui avait perforé la voûte palatine. On a prétendu depuis qu'il était l'inventeur de la méthode de M. Nélaton ; mais il ne fit pas une opération régulière. Il croyait avoir affaire à un polype du sinus maxillaire, et avait commencé par aller à sa recherche en faisant sur la joue une incision en T renversé. N'ayant pu réussir par ce moyen, il attaqua alors le polype par le palais déjà perforé, et fit une simple division des parties molles. Il ne put mener à bien son opération, faite au hasard et sans aucun plan arrêté.

La méthode de Manne a donné naissance à un autre procédé que M. Maisonneuve a voulu s'attribuer en 1859 ; je veux parler de la *boutonnière palatine*, dont l'auteur paraît être Dieffembach, car il pratiqua cette opération avant 1834. C'est l'opération de Manne en respectant le bord libre du voile du palais. Dieffembach (*Gaz. heb. de méd. et de chirur.*, 7 octobre 1859, mém. de M. Verneuil) ne put qu'une fois enlever le polype par ce moyen. Il fut forcé, dans les autres cas, de fendre complétement le voile. J'ai trouvé depuis cinq observations de malades opérés par ce procédé ; il y a un cas de mort (M. Foucher, 1859) par infection purulente. Trois cas publiés immédiatement après la sortie des malades. M. Maisonneuve (août et octobre 1859) ; dans sa seconde opération , il fut forcé, pour enlever un prolongement génien, de faire une boutonnière à la face interne de la joue. M. Huguier (décembre 1859). Le cinquième cas (M. Bauchet, juillet 1862) a été suivi pendant six mois sans récidive. Ces résultats ne sont pas de nature à donner beaucoup de confiance en ce procédé.

J.-L. Petit pratiqua aussi une opération préliminaire sur le voile du palais ; d'après ce que nous en dit Garengeot, elle serait différente de celle de Manne, car *il coupa le voile du palais en deux endroits.* Son procédé me paraît devoir ressembler beaucoup à celui qu'a employé plusieurs fois M. Jobert (*Gaz. des hôp.*, 22 juillet 1858). Voici comment ce dernier décrit son opération :

Incision commençant à la base des piliers du voile du palais, que l'on détache suffisamment, et se terminant en haut dans l'épaisseur du voile. Relever le voile avec une pince de Museux ; — saisir la tumeur avec une autre pince de Museux ; — détacher le polype avec un bistouri courbe ; — cautérisation au fer rouge.

M. Syme, chez un malade, coupa la lèvre de haut en bas, et disséqua les deux lambeaux pour agrandir largement l'ouverture antérieure des fosses nasales.

Dupuytren fendait ordinairement l'aile du nez près de la ligne médiane. Dans un cas, il fit une incision contournant les deux ailes du nez et détachant les cartilages jusqu'aux os. (Pl. III, fig. 1.) Une autre fois, encore, il incisa successivement la joue et la lèvre supérieure, et perfora en même temps la voûte palatine et la paroi externe du sinus maxillaire.

M. Giraldès, en mars 1850 (Société de chirurgie, 3 avril 1850), fendit le nez dans toute sa hauteur, sans toucher aux os ; il ne put enlever le polype (pl. III, fig. 2). Quelques jours après son malade mourait d'une gangrène du poumon et d'une inflammation couenneuse des voies aériennes.

M. Borelli, de Turin, opéra aussi deux malades par ce procédé. L'un fut guéri ; l'autre mourut au bout de vingt jours.

Je viens de passer en revue les opérations proposées autrefois pour agrandir un peu la voie étroite qui conduit sur les polypes de la base du crâne. Les instruments introduits ne pouvaient être manœuvrés qu'avec beaucoup de difficultés ; il était toujours presque impossible de voir ce que l'on faisait. Quelquefois il restait de grandes difformités produites par des incisions assez nombreuses. Le plus grand inconvénient était l'impossibilité de prévenir les récidives par une cautérisation méthodique. Nous voyons, par exemple, dans la thèse de M. Botrel, qu'un malade de Dupuytren fut opéré vingt-cinq fois sans qu'on pût le débarrasser de son polype. Aussi M. Nélaton disait-il à la Société de chirurgie, en 1849, qu'il était persuadé que toutes ces opérations n'étaient que palliatives.

Presque tous les chirurgiens, du reste, reconnaissent aujourd'hui la nécessité des opérations préliminaires pour atteindre les polypes qui nous occupent. Les opérations simples sont le plus souvent très-laborieuses et non moins redoutables que les opérations composées (1). Aussi je me rallie complétement à l'opinion de M. Verneuil, qui disait à la Société de chirurgie (14 mars 1860, Rapport sur le procédé Rampolla) : « L'emploi de l'opération préliminaire ne doit donc pas souffrir de retard ; elle doit faire partie du premier combat chirurgical qu'on livre au polype. »

Je vais maintenant examiner les nouvelles méthodes qui ont été proposées depuis une vingtaine d'années. Ce sont :

Ablation complète ou incomplète du maxillaire supérieur,

---

(1) On voit un malade de M. le professeur Velpeau (*Gaz. heb.*, 1860, p. 427 ; Soc. anat., février 1860) mourir après qu'on lui eut enlevé, par écrasement, sans opération préalable, une portion de tumeur grosse comme un marron. Blandin (*Union méd.*, 8 janvier 1848) parle d'accidents arrivés à la suite de la ligature chez un de ses malades. Cinq jours après l'application du serre-nœud à demeure, le malade fut pris de suffocation si bien que l'on fut forcé de pratiquer la trachéotomie. Quelques jours après, il fut encore repris d'apoplexie, et il fallut rouvrir la plaie de la trachée. Le malade fut cependant sauvé, il pense que l'obstacle à la respiration devait siéger à la glotte, et que, dans le second cas, il était dû à son œdème survenu par propagation de l'inflammation.

Blandin avait aussi vu un cas analogue dans le service de Lisfranc, en 1839.

Méthode de M. Nélaton,
Procédé de M. Palasciano,
1er procédé de M. Langenbeck,
Procédé de M. Bœckel,
Procédé de M. Lawrence,
Procédé de M. Huguier,
Procédé de M. Dezanneau,
2e procédé de M. Langenbeck,
Procédé de M. Jules Roux, de Toulon.

ABLATION DU MAXILLAIRE SUPÉRIEUR.

On trouve dans Wately (au dire de M. Ch. Sarassin, Appréciation de la valeur des résections osseuses, thèse 1863) une sorte d'indication de cette opération. Un malade, auquel il avait excisé plusieurs fois un polype fibreux très-volumineux, avait eu des hémorrhagies abondantes; il mourut, et l'on reconnut à l'autopsie que le pédicule se prolongeait en arrière jusqu'à l'apophyse basilaire. Il en fallut, ajoute-t-il, enlever un des maxillaires pour arriver au point d'implantation.

M. Flaubert fils, de Rouen, a passé longtemps pour être le premier qui ait osé tenter l'ablation d'un maxillaire supérieur dans le but d'enlever un polype naso-pharyngien; mais, ainsi que l'a démontré M. Verneuil (Société de chirurgie, 14 mars 1860), cet honneur revient à M. Syme, d'Édimbourg, qui pratiqua cette opération le 12 août 1832. Voici la traduction de cette observation donnée par M. Verneuil:

OBSERVATION III.

Wood (Thomas), de Gifford, entré à l'hôpital en janvier 1832, pour un polype de la narine droite, qu'on pouvait apercevoir à l'orifice antérieur de la fosse nasale, et sentir en portant le doigt en arrière du voile du palais. Il existait depuis plusieurs mois et s'accroissait rapidement.

On essaya, peu de temps après l'admission du malade, d'extraire la tumeur,

et l'on constata qu'elle offrait cette structure ferme et fibreuse décrite spéciale-
ment par Dupuytren ; elle se laissait déchirer en long, mais elle résistait aux efforts de rupture transversale comme un tendon et saignait copieusement quand
on y touchait. D'après Dupuytren, ce genre de tumeur est rapidement et inévita-
blement mortel, si on permet son développement, et l'avulsion est le seul moyen
efficace de la détruire. C'est pourquoi on essaya à plusieurs reprises d'arracher
le polype tout à la fois par le nez et par le bouche. Une pince à fortes branches et
à dents saillantes fut construite dans ce but, et la narine fut incisée et ouverte
pour favoriser son application. Quelques débris furent seuls extraits, et l'on découvrit bientôt que les insertions étaient étendues au point de rendre l'opération
impraticable.

Le patient fut donc renvoyé dès que l'incision de la narine fut guérie ; il revint,
le 12 août, très-affaibli et le visage profondément altéré. Le polype se montrait
tout à la fois en dehors des narines et derrière le palais. Il y avait eu plusieurs
hémorrhagies considérables ; il était évident que si la maladie n'était pas détruite, le malade périrait prochainement. L'urgence autorisait les moyens les plus
extrêmes.

On s'était assuré que les insertions s'étendaient tout autour de l'orifice postérieur des fosses nasales et tout portait à croire que l'ablation de l'os maxillaire
supérieur les rendrait accessibles. Cette opération fut donc pratiquée ainsi qu'elle
a été décrite dans notre dernier compte rendu, et sans autre difficulté que la résistance de l'opéré qui avait perdu tout son empire sur lui-même. Après qu'on
eut enlevé l'os, il fallut une *grande force* pour détacher la tumeur de ses insertions, elle fut totalement extraite ; elle mesurait 4 pouces de longueur, 2 et demi de largeur et 1 et demi d'épaisseur. L'artère supérieure fut le seul vaisseau
profond qui exigeât la ligature. La cavité fut remplie de fragments de *lint* et les
angles de la plaie furent réunis par la suture. Le lendemain soir, le pouls était
plein et fréquent, la respiration difficile, on fit une saignée de 12 onces (1). Le
jour suivant, respiration facile ; la plaie paraissait disposée à se réunir par première intention ; tout semblait aller du mieux et le malade prit de la nourriture.
Le matin suivant, un de ses voisins lui parla à cinq heures, il se disait très-bien ;
à six heures, on le trouva mort.

A l'autopsie, on découvrit un autre polype qui prenait naissance dans la narine
gauche et adhérait non-seulement à tout le bord supérieur et latéral de son orifice pharyngien, mais encore à la base du crâne ; sans aucun doute, il échappa
à la vue lors de l'opération, parce qu'il avait été refoulé par le premier, sans
doute aussi, il avait augmenté de volume depuis qu'il était soustrait à la com-

---

(1). L'indication d'une saignée ne me semble pas bien démontrée chez un malade aussi affaibli que celui-là.

pression. Ce polype, du reste, n'aurait pas pu être enlevé, en sorte que le seul regret, en ce qui touche l'opération, est qu'elle ait été tentée.

L'état désespéré du malade, et le fait bien établi que les polypes fibreux se présentent presque constamment isolés (et non multiples, comme les excroissances molles de la cavité nasale), justifient suffisamment, nous l'espérons, notre tentative.

Cette observation est tirée du neuvième compte rendu des opérations de l'hôpital chirurgical d'Édimbourg, de février à août 1832, par James Syme, dans le *Journal médical et chirurgical d'Édimbourg*, t. XXXVIII, p. 322.

Pour les détails de l'opération, on renvoie au 8e compte rendu inséré dans le même journal (t. XXXVII, p. 331). Voici ce qu'on y trouve (il s'agit d'un malade atteint d'une autre affection) :

Ayant mis à nu la partie antérieure de la tumeur en taillant un lambeau dans la joue, je coupai l'apophyse nasale de l'os maxillaire supérieur, son attache avec le malaire, la cloison du nez (il fut nécessaire d'enlever plus de la moitié du palais), et, en dernier lieu, le palais lui-même, avec des pinces coupantes : je cherchai alors à faire basculer et à tordre l'os pour l'amener au dehors.

On voit qu'il n'y a aucun détail sur la manière dont furent faites les incisions des parties molles. En lisant cette observation, je remarque que M. Syme a cru avoir affaire à un malade porteur de deux polypes fibreux. Je pense qu'il y a eu là une erreur et que son malade n'avait qu'un seul polype présentant deux embranchements qui s'engageaient dans chacune des fosses nasales et avaient contracté des adhérences consécutives avec leur orifice postérieur. Dans son opération, il crut avoir enlevé un polype entier, tandis qu'il n'avait ôté qu'un des prolongements.

M. Syme dit encore que la tumeur, trouvée à l'autopsie, n'aurait pu être enlevée; je ne suis pas de son avis. L'opération eût pu être menée à bien en réséquant complétement la cloison des fosses nasales.

Cette opération, malheureuse du reste, avait été publiée lorsque, en mars 1840, M. Flaubert ayant vu son père faire de nombreuses

tentatives d'excision et de ligature sur un malade sans pouvoir
le débarrasser d'un énorme polype, voulut ouvrir un passage assez
large pour arriver à extraire cette tumeur; c'est alors qu'il employa l'ablation du maxillaire supérieur, et il obtint une guérison
complète.

Depuis cette époque, cette opération fut employée par un grand
nombre de chirurgiens, mais plusieurs d'entre eux se contentèrent
de réséquer une partie plus ou moins grande de l'os. Ils étaient
poussés par le désir de conserver l'arcade dentaire et d'éviter
l'aplatissement de la joue que l'ablation totale laisse toujours après
elle. M. Huguier eut tort de réclamer la priorité de cette modification en 1850, car M. Michaux, de Louvain, l'avait déjà pratiquée le 4 janvier 1843 (*Bulletin de l'Académie royale de médecine
de Belgique,* tome XII, séance du 26 février 1853, page 340), en
enlevant les os du nez et l'apophyse montante d'un maxillaire.
De plus, cette opération n'ayant pas suffi, il voulait enlever le
maxillaire en respectant le plancher des fosses nasales et l'arcade
dentaire; mais le malade s'y refusa. Instruit par cet insuccès,
M. Michaux, le 1er décembre 1847, pratiqua l'ablation totale du
maxillaire et obtint une guérison.

Voici le tableau de toutes les ablations du maxillaire supérieur,
pratiquées pour l'extraction des polypes, sur lesquelles j'ai pu
trouver des renseignements :

Ablation du maxillaire supérieur totale (ou respectant seulement le plancher de l'orbite).

N°s	Noms.	Age.	Date des opérations.	Opérés par MM.	Résultat.	Sources.	Observations.
1	Thomas Wood.	15 ans.	12 août 1832.	Syme (d'Edimbourg).	Mort.	*Journ. méd. d'Édimb.*, 9e compte rendu de la *Clinique chirurgic.*, t. XXXVIII, p. 322.	
2	Louis Desprêtre.	23 »	13 avril 1840.	Flaubert fils.	Succès.	*Archives gén. de méd.*, p. 436, août 1840.	Hémorrhagie très-considérable.
3	Théodore Despote.	18 »	1846.	Robert.	Succès.	*Clinique chir. de Robert*, p. 327.	
4	Jean Verheyde.	18 »	1er décembre 1847.	Michaux (de Louvain).	Succès.	*Bullet. de l'Acad. royale de Belgique*, t. XII, p. 346 et suiv.	Hémorrhagie très-forte; état syncopal prolongé.
5	Joseph Puthon.	17 »	4 août 1850.	Robert.	Récidive en 1852.	Robert, *Clin chir.*; Société chir., 28 sept. 1853.	En 1860, la tumeur, récidivée depuis huit ans, n'a pas fait de progrès.
6	Louis L'heureux.	22 »	16 juil. 1851.	Michaux.	Succès.	*Bullet. de l'Acad. royale de Belgique*, t. XII.	
7	Joseph Wolfurt.	25 »	15 févr. 1852.	Maisonneuve.	Succès.	Société chir., 17 févr. 1852; *Clin. chir.*, par M. Maisonneuve, t. II, p. 394.	Guérison maintenue en 1863.
8	X.	15 »	6 août 1853.	Guersant.	Inconnu.	Société chir., 27 juill., 3 et 10 août 1853.	
9	Antoine Boulac.	20 »	2 août 1855.	Maisonneuve.	Succès.	*Clin. chir.*, t. II, p. 66.	
10	R.	16 »	28 sept. 1857.	Lefrançois (d'Abbeville).	Récidive en août 1858.	*Gazette des hôpit.*, déc. 1857.	Hémorrhagie considérable; pas de cautérisation.
			Août 1858 à mars 1860.	Lefrançois et Dubois.	Succès.	*Gazette des hôpit.*, février 1863.	Cautérisat.; guérison maintenue en 1863.
11	M.	16 »	10 mars 1859.	Hauchet.	Succès.	*Gazette des hôp.*, 1860, p. 241; Société chir., 25 mars 1863.	Hémorrhagie très-considérable; cautérisations galvaniques. Revu deux ans après.
12	X.		30 mars 1860.	Fleury (de Clermont).	Succès.	Société chir., 26 novembre 1863.	Hémorrhagie très-considérable.
13	X.	19 »	9 août 1860.	Michaux.	Succès.	*Gazette des hôpit.*, 4 juin 1864.	On resèque en même temps le malaire; cautérisation.
14	François P.	17 »	25 févr. 1861.	Deguise.	Mort.	Société chirurg., 13 mars 1861.	Mort pendant l'opération (déjà opéré par le procédé de M. Nélaton, mais sans cautérisation).
15	X	30 »	25 avril 1861.	Michaux.	Succès.	*Gazette des hôpit.*, 2 juin 1861.	On conserve le périoste de la face antérieure de l'os; infection purulente; guérison; cautérisation.
16	X.	18 »	20 mai 1862.	Michaux.	Succès.	Société chirurg., 18 mars 1863; *Gazette des hôpit.*, 2 juin 1864.	Antérieurement une résection partielle du maxillaire, en respectant l'arcade dentaire, et opération de M. Nélaton; les deux sans succès, malgré diverses tentatives d'excision et d'arrachement, avec cautérisation. Après l'ablation totale, cautérisations répétées. La guérison ne date que de sept mois.

N⁰ˢ	Noms.	Age.	Date des opérations.	Opérés par MM.	Résultat.	Sources.	Observations.
17	X.	15 ans.	6 nov. 1862.	Michaux.	Succès ?	*Gazette des hôpit.*, 2 juin 1864.	Premier insuccès par le procédé de Manne. Après l'ablation, cautérisations suivies. (La guérison ne date que de deux mois.)
18	Louis S.	21 »	17 janv. 1863.	Plachaud (de Genève).	Inconnu.	Société chirurg., 25 mars 1863.	Il restait une fistule salivaire le 15 février 1863. Le malade n'a pas été revu depuis.
19	Frédéric Lebreton.	22 »	20 mars 1863.	Nélaton.	Succès.	Obs. personnelle.	Ce malade a été revu dernièrement. Cautérisations au gaz d'éclairage.
20	Victor Grimaut.	18 »	Août 1863.	Houel.	Mort.	Obs. personnelle.	Le malade est mort une heure après l'opération.
21	X.	»	3 janv. 1863.	Fleury (de Clermont).	Succès ?	Société chirurg., 16 mars 1864.	Le malade n'a pas été revu depuis.
22	B.	»	1863.	Debrou (d'Orléans).	Inconnu.	Communiqué par M. Taberlet, int. de M. Debrou.	

Ablation partielle du maxillaire supérieur.

N⁰ˢ	Noms.	Age.	Date des opérations.	Opérés par MM.	Résultat.	Sources.	Observations.
1	Jacques Bouvier.	17 ans.	4 févr. 1843.	Michaux.	Opération incomplète.	*Bullet. de l'Acad. royale de Belgique*, t. XII.	Hémorrhagie très-considérable ; 3 syncopes pendant l'opération.
2	X.	15 »	Mars 1852.	Huguier.	Mort.	Société chirurg., 9 mai 1860.	Hémorrhagie très-considérable.
3	P.	40 »	29 janv. 1854.	Chassaignac.	Succès ?	*Monit. des hôp.*, p. 266, 21 mars 1854.	L'âge du malade ferait plutôt croire à un cancer. Il n'a pas été suivi après sa sortie de l'hôpital.
4	X.	Jeune.	1857.	Demarquay.	Inconnu.	Société chirurg., 9 juillet 1857.	On ne sait pas s'il n'y a pas eu récidive.
5	Rosier.	9 ans.	4 nov. 1857.	Vallet (d'Orléans).	Inconnu.	*Gaz. des hôpit.*, 31 mars 1859.	Le malade n'est resté qu'un mois en observation après l'opération.
6	Henri W.	15 »	12 août 1858.	Arrachart (de Lille).	Succès très-douteux.	*Gazette des hôpit.*, 25 août 1859.	Pas de récidive un an après, mais le malade avait encore des hémorrhagies nasales très-fréquentes.
7	B.	15 »	7 janv. 1859.	Vallet (d'Orléans).	Récidive.	*Gazette des hôpit.*, 31 mars 1859.	(Même malade que le n° 22 du tableau précédent.)
8	Benjamin Tonféau.	21 »	26 mai 1860.	Maisonneuve.	Inconnu.	*Gazette des hôpit.*, 21 août 1860.	Pas de cautérisation. Pas de nouvelles ultérieures.
9	François Esconbanier.	25 »	3 sept. 1860.	Labat (de Bordeaux).	Inconnu.	*Monit. des sciences méd. et pharmac.*, 1860, p. 1028.	Pas de renseignements depuis le 10 octobre 1860 ; hémorrhagie très-considérable.
10	X.	18 »	6 déc. 1860.	Michaux.	Récidive.	*Gazette des hôpit.*, 2 juin 1864.	Même malade que le n° 16 du tableau précédent.
11	F.	40 »	1862.	Demarquay.	Inconnu.	Acad. des sciences, 18 août 1862 ; *Gazette hebdom.*, p. 544.	Pas de renseignements ultérieurs.

La première partie de ce tableau nous donne 22 cas qui présentent les résultats suivants :

12 succès,
1 succès après récidive,
2 succès douteux,
1 récidive,
3 résultats inconnus,
3 morts.

Il faut remarquer que chez le malade de M. Deguise la mort était inévitable, car la tumeur envoyait un prolongement dans le cerveau. En ne prenant que les cas certains, il ne reste plus que 16 malades qui nous donnent :

12 succès,
1 succès après récidive,
1 récidive,
2 morts.

La seconde partie du tableau présente, comme on voit, un résultat bien moins satisfaisant. Sur 11 malades, on trouve :

1 succès non vérifié   (n° 3),
1 récidive très-probable   (n° 6),
2 récidives   (n°ˢ 7 et 10),
1 opération non terminée   (n° 1),
1 mort   (n° 2),
5 résultats inconnus   (4 —5 —8 —9 —11).

Ces derniers sont réellement inconnus, car les malades n'ont pas été suivis après l'opération.

Il faut remarquer dans ce tableau que des hémorrhagies très-importantes sont signalées dans la plupart des cas.

Toutes ces observations ont été déjà publiées, je me dispenserai de les transcrire, excepté la suivante que j'ai recueillie moi-même dans le service de M. Nélaton, et celle du malade de M. Houel, opéré à l'hôpital des Cliniques, sur lequel je n'ai eu que peu de renseignements.

OBSERVATION IV.

Lebreton (Frédéric), 22 ans, terrassier, entré à l'hôpital des Cliniques, le 26 février 1863, lit n° 17.

Vers le milieu de mars 1860, ce malade fut tout à coup pris d'un saignement de nez tellement fort qu'il dut garder le lit pendant huit jours. Pour arrêter l'hémorrhagie, qui dura dix heures environ, le médecin fut obligé de pratiquer le tamponnement des fosses nasales ; jusque-là sa santé avait été excellente. Huit jours après sont arrivées quelques douleurs du côté de l'œil droit ; immédiatement, il s'est aperçu que la respiration ne se faisait plus par la narine droite. Bientôt arrivèrent des maux de tête violents ; les saignements de nez revenaient fréquemment, surtout la nuit, et le malade se réveillait couvert de sang. L'écoulement de sang se faisait à la fois par la narine gauche et par la bouche. Depuis ce moment, il ronflait en dormant et il ne pouvait dormir sans avoir la bouche ouverte. Pendant près d'un an, on ne lui fait subir aucun traitement, on n'avait pas reconnu le polype.

Enfin le polype fut reconnu par le chirurgien du vaisseau où il était, et le malade entra à l'hôpital de la marine de Toulon, dans le service de M. Roux (27 février 1861).

Ce malade éprouvait alors un sentiment d'embarras dans le pharynx. Le polype était apparent dans la partie moyenne de la fosse nasale droite ; écoulement par le nez d'un liquide séreux fétide ; déglutition gênée ; voix nasonnée ; quand il se mouchait, il sortait, dit-il, une matière épaisse par le coin de l'œil, légère exophthalmie à droite ; injection de la conjonctive de ce côté ; pupille un peu dilatée, vision sensiblement troublée ; céphalalgie, éblouissements ; le voile ne présentait qu'une légère convexité en avant ; avec le doigt on sentait un corps volumineux derrière le voile ; surdité incomplète de l'oreille droite ; pendant qu'il était dans le service de M. Roux, il lui vint un abcès sur le bord adhérent du voile du palais ; on fit une tentative d'arrachement par le nez, elle fut suivie d'un écoulement de sang assez considérable ; on enleva ainsi une portion de la tumeur, ayant une longueur d'à peu près 8 centimètres et une épaisseur de 2. Au bout d'une vingtaine de jours, on essaya de passer une ligature, mais on ne put y parvenir. Il quitta bientôt l'hôpital, où on voulait le retenir pour pratiquer une nouvelle opération ; c'était le procédé ostéoplastique de M. Jules Roux.

Le malade revint dans sa famille, il n'a pas subi de nouveau traitement depuis. Les saignements de nez revenaient toujours très-fréquemment.

Depuis le mois de septembre 1862, les deux narines étaient complétement obstruées, et il ne pouvait plus du tout respirer par le nez ; il n'y avait cependant pas de tumeur du côté gauche, mais la cloison était refoulée et complétement appliquée à la paroi externe de la narine gauche. Il était très-vite essoufflé ; depuis longtemps la voix était nasonnée. Depuis six mois, l'œil droit était beaucoup plus gros que le gauche ; depuis trois mois, la vue est très-faible de ce côté et le malade voyait double ; la déglutition n'était pas très-gênée, sa respiration se faisait encore assez bien par la bouche, elle était nulle par le nez.

A l'entrée du malade dans le service, le polype arrivait jusqu'à l'orifice externe de la narine ; tout le côté droit de la face était déformé ; il y avait un prolongement de la tumeur dans le sinus maxillaire, un autre passait par le trou sphéno-palatin pour arriver dans la région génienne ; douleurs de tête très-fortes ; étourdissements ; vue presque complétement abolie à droite.

Le 20 mars, M. Nélaton pratique l'ablation totale du maxillaire supérieur en respectant le périoste de l'orbite ; il préféra, dans ce cas, cette opération à sa méthode parce que la tumeur (voir les fig., 6 et 7, pl. II), outre les prolongements nasal et pharyngien, avait des ramifications qui s'étendaient dans le sinus maxillaire, dans la région génienne où elles formaient une véritable grappe, un de ces derniers lobes passait par la fente sphéno-maxillaire et venait se rendre dans l'orbite.

Le malade fut chloroformé au commencement de l'opération ; le maxillaire enlevé, la tumeur se trouva arrachée avec lui, il ne resta que le pédicule inséré à l'apophyse basilaire (voir pour le procédé d'ablation du maxillaire supérieur employé par M. Nélaton, p. 42 et 44).

On fit ensuite des points de suture pour réunir le lambeau.

On fit chaque jour des injections fréquentes d'eau et d'alcool. Au bout de huit jours, la cicatrisation du lambeau était opérée, excepté tout à fait à l'angle de l'aile du nez où il restait une petite partie qui demanda vingt jours pour se réunir complétement.

Huit jours après l'opération, il y eut une très-légère hémorrhagie quand on enleva les tampons de charpie qui comblaient la perte de substance du maxillaire, elle fut promptement arrêtée.

Environ deux mois après l'opération, il y eut quelques cautérisations au nitrate d'argent ; dans les derniers jours du mois de juin, on commença les cautérisations avec le gaz d'éclairage (voir p. 75). Après chaque cautérisation on injectait de l'eau fraîche par la bouche. Le malade trouvait la douleur vive, cependant elle était supportable. Au bout de deux heures elle devenait très-légère, mais elle continuait encore pendant quelque temps.

Vers le milieu de juillet une deuxième cautérisation fut faite, puis une troisième dans les derniers jours du même mois. On en pratiqua encore une le 5 août ; cette fois la douleur fut très-peu vive ; après ces quatre cautérisations, l'inflammation ne s'est pas étendue aux parties voisines.

Le 10 août, il ne restait plus de traces du pédicule de la tumeur.

Le malade quitta l'hôpital le 18 du même mois ; depuis il revint très-souvent à la Clinique et le succès ne s'est pas démenti.

OBSERVATION V.

Grimand (Victor), âgé de 8 ans, entré à l'hôpital des Cliniques le 11 juin 1863, mort le 19 août.

Ce malade portait un énorme polype naso-pharyngien qui envoyait des prolongements derrière le voile du palais, dans la narine, dans le sinus maxillaire, la cavité orbitaire et la région génienne *du même côté*.

Il fut opéré le 10 août par M. Honel, qui remplaçait alors M. Nélaton. Le maxillaire entier fut enlevé ; mais, une heure après, le malade était mort. On ne put pas faire l'autopsie.

Je vais donner maintenant les différents procédés qui ont été proposés par les auteurs pour l'ablation de l'os maxillaire supérieur en tout ou en partie. Je décrirai d'abord les opérations qui ont pour but d'enlever l'os en entier et même en y joignant le malaire, ce qui devient quelquefois nécessaire quand le polype a atteint de grandes dimensions. Je parlerai ensuite de l'ablation des deux maxillaires à la fois, quoiqu'elle n'ait pas été pratiquée pour un polype, mais bien pour un cancer, parce qu'il pourrait se présenter des cas où la tumeur serait tellement énorme, que cette opération deviendrait nécessaire. Enfin je passerai aux résections partielles de cet os.

Plusieurs des procédés que je vais décrire n'ont pas été employés pour l'extraction des polypes naso-pharyngiens. Il n'est cependant pas inutile de les donner tous pour qu'on puisse juger de leur valeur.

ABLATIONS COMPLÈTES.

Ces opérations comprennent deux temps : 1° la division des parties molles, 2° la section de l'os. La première partie compte un grand nombre de procédés dont je vais parler d'abord.

Procédé de M. Gensoul, 1827 (voyez pl. III, fig. 3). — 1° Incision verticale partant un peu au-dessous de l'angle interne de l'œil et venant tomber directement sur la lèvre supérieure qu'elle divise au niveau de la dent canine, en passant sur le côté de l'aile du nez ; 2° incision horizontale partant de l'aile du nez et s'arrêtant à peu près à 10 millimètres de l'oreille ; 3° incision verticale partant à 10 ou 12 milimètres en dehors de l'angle externe de l'œil et venant tomber à l'extrémité de la deuxième. Ce procédé laisse d'affreuses cicatrices. MM. Guthrie et Fergusson pratiquent, comme M. Gensoul, trois incisions sur la joue, les deux incisions verticales deviennent obliques, la troisième reste la même.

Procédé de M. Syme, 1829 (voyez pl. III, fig. 4). Il fit une incision cruciale, dont l'une des branches allait se perdre à la commissure correspondante de la lèvre, disséqua, renversa les quatre lambeaux et mit ainsi l'os à nu. (M. Velpeau, *Méd. opér.*, t. II, p. 627.)

M. Réynoli, de Pise (voyez pl. III, fig. 5), ne fait qu'une seule incision, commençant près de l'angle externe de l'œil et se dirigeant obliquement en bas et en dedans jusqu'à la commissure des lèvres. Le cartilage latéral de l'aile du nez doit être compris dans le lambeau interne. Ce procédé ne permet que difficilement d'atteindre les insertions supérieures du maxillaire. (*Sulla extirpazione della quasi totalita dell osso mascellare superiore sinistro* ; Pise, 1832.)

Blandin (voyez pl. III, fig. 6). Première incision verticale partant au-dessous de l'angle interne de l'œil et venant tomber à 6 lignes de la commissure labiale, en coupant la lèvre supérieure. Seconde incision partant de la partie supérieure de la première et se dirigeant horizontalement vers le milieu de l'os malaire où elle se termine. (*Annal. topographique*, p. 132; 1834.)

Dieffenbach (voyez pl. III, fig. 7). 1° Incision sur la partie latérale du dos, du nez, et venant tomber verticalement sur la lèvre supérieure qui est divisée ; 2° incision partant de la partie supérieure de la première pour arriver au grand angle de l'œil; 3° incision partant de l'angle externe et se prolongeant horizontalement vers l'arcade zygomatique; 4° incision du cul-de-sac occulo-palpébral inférieur, réunissant les deux dernières incisions. Il faut aussi conserver avec soin à la paupière inférieure, sa doublure muqueuse pour empêcher cette paupière de se recoquiller pendant la cicatrisation de la plaie (*Chir.* de Dieffembach, trad. de M. Ch. Philips, 1re partie, p. 122 ; Berlin; 1835). — Sur un de ses malades, Dieffembach eut un ectropion persistant (Dict. en 30 vol., t. XXVIII, p. 367).

Liston, 1837 (voyez pl. III, fig. 8). Voici comment je trouve ce procédé décrit dans le *Traité de pathologie chirurgicale* de Samuel Cooper (trad. de Delamarre, 1855, p. 754). — Première incision partant un peu en dehors de l'angle externe de l'œil pour arriver à la commissure buccale. Deuxième incision le long de l'apophyse zygomatique. Alors le bistouri est porté en divisant les téguments, jusqu'à l'apophyse nasale de l'os maxillaire supérieur; le cartilage de l'aile du nez est détaché de l'os et la lèvre est détachée sur la ligne médiane. Si l'on ne veut pas enlever l'os de la pommette on supprime la seconde incision. (Liston, *Chir. pratique*, p. 264 ; Londres, 1837.)

Lisfranc (voyez pl. III, fig. 9). Première incision qui part de l'angle interne de l'œil, descend verticalement sur l'aile du nez qu'elle contourne pour venir sur la ligne médiane et diviser la lèvre supérieure. La seconde incision commence un demi-pouce en arrière de l'angle externe de l'œil et aboutit à la commissure labiale. (*Précis de méd. opérat.*, t. II, p. 629 ; 1839.)

M. Flaubert fils (voyez pl. III, fig. 10) fait une première incision qui du grand angle de l'œil aboutit à la commissure labiale; une seconde commençant vers la racine de l'arcade zygomatique vient tomber sur la première au niveau de l'aile du nez. (*Arch. gén. de méd.*, août 1840, p. 436).

M. Maisonneuve, 14 juillet 1842 (voyez pl. III, fig. 11), pour enlever un maxillaire supérieur, modifia un peu le procédé de M. Flaubert, voici comment : première incision partant de l'angle externe des paupières pour tomber sur la lèvre supérieure qu'elle divise à 3 centimètres environ de la commissure; une seconde partant du milieu de la première se dirige sur l'angle interne de l'œil. (*Chin. chir.*, t. I, p. 582.)

A. Bérard (voyez pl. III, fig. 12), pour les cas où la tumeur est très-volumineuse, a proposé un procédé qui ressemble beaucoup aux précédents. Voici comment il le décrit (Dict. en 30 vol., t. XXVIII, p. 370): « J'ai conduit une première incision depuis l'angle interne de l'œil jusqu'au niveau de la partie moyenne de la fosse canine ; une autre, commencée à quelques milimètres en dehors de l'orbite, est venue tomber à angle aigu sur la première, de façon à circonscrire un lambeau triangulaire à base supérieure ; enfin, de l'angle de réunion j'ai fait partir une incision qui s'est terminée sur le bord libre de la lèvre. Ces trois lambeaux représentaient par conséquent un Y. » En disséquant le lambeau supérieur et les deux lambeaux latéraux, l'os se trouve à découvert.

M. Velpeau (voyez pl. III, fig. 13) ne fait aux téguments qu'une seule incision courbe qui part de la commissure labiale et arrive à la naissance de l'arcade zygomatique.

Blandin (voyez pl. III, fig. 14) employa une incision analogue en la faisant arriver à la partie antérieure du malaire,

M. Heyfelder (voyez pl. III, fig. 15) à l'angle interne de l'œil, et *M. Syme* (voyez pl. III, fig. 16) à la partie moyenne du malaire.

M. Malgaigne (voyez pl. III, fig. 17) ajoute à l'incision do M. Velpeau une seconde incision qui fend la lèvre supérieure.

M. Syme (voy. pl. III, fig. 18) ajoute à l'incision de M. Velpeau une seconde incision partant de l'angle interne de l'œil et descendant en ligne droite jusque dans la lèvre.

Heylen d'Hérentals (voyez pl. III, fig. 19) : première incision partant de la racine du nez, descendant verticalement sur la ligne médiane et venant couper la lèvre supérieure ; seconde incision partant de la commissure labiale et suivant la direction des filets nerveux, c'est-à-dire se dirigeant en dehors et un peu en bas. Cette incision doit avoir à peu près 1 centimètre de long. (*Annales de la Société de médecine d'Anvers,* cahier d'août 1847, p. 419.)

M. Michon (voyez pl. III, fig. 20) fait à peu près les mêmes incisions que Lisfranc : la première est la même ; mais la seconde, au lieu de descendre le long du nez, de contourner l'aile du nez pour venir couper la lèvre sur la ligne médiane, part obliquement du grand angle de l'œil pour arriver à diviser la lèvre au niveau de la deut canine (Société de chirurgie, 7 janvier 1850).

M. Maisonneuve (*Clinique chirurg.*, t. II, p. 294) (voyez pl. III, fig. 21) : la première incision est la même que celle du Dr Heylen, mais la seconde incision est un peu modifiée ; ici elle part de la commissure buccale pour aller gagner transversalement les bords du masséter.

M. Michaux (voyez pl. III, fig. 22) a publié, en 1853, son procédé pour la désarticulation du maxillaire supérieur (mémoire *sur les Résections de la mâchoire supérieure*, *Bulletins de la Société royale de médecine de Belgique*, t. XII, p. 382) ; il consiste à diviser les parties molles sur la ligne médiane de la face depuis la racine du nez jusqu'au bord libre de la lèvre supérieure, et à faire une seconde incision étendue de l'angle externe des paupières jusqu'au-dessous de l'arcade zygomatique, dans la direction des filets du facial destinés à la région palpébrale ; on dissèque d'abord, par la plaie verticale, un lambeau jusqu'à la pommette ; l'extrémité supérieure de la seconde incision est prolongée en dedans de la paupière inférieure, en incisant le replis oculo-palpébral de la conjonctive. Il faut que la paupière soit doublée de sa muqueuse ; sans cette précaution, ce voile mobile se recoquillerait après l'opération. On dissèque ensuite la lèvre inférieure de cette seconde incision jusqu'au point où on s'est arrêté dans la première dissection, et ainsi l'on obtient un lambeau entièrement détaché du maxillaire supérieur et du malaire. En relevant la lèvre supérieure de la seconde incision, on met à découvert l'articulation du frontal avec l'os jugal (on supprime la dissection de ce dernier lambeau, si l'on ne veut pas enlever l'os malaire). Il est aisé de voir que ce procédé est d'une exécution difficile.

M. le professeur Nélaton (voyez pl. III, fig. 23) emploie depuis plus de quinze ans le procédé suivant : une incision divise verticalement la lèvre supérieure un peu sur le côté de la ligne médiane, contourne l'aile du nez, puis, se continuant par une ligne courbe à convexité supérieure, vient gagner le sillon oculo-palpébral inférieur, vers son tiers interne ; elle suit alors ce sillon et s'arrête un peu au delà de sa moitié. M. Nélaton détache le voile du palais de ses insertions à l'os palatin, car quand on fait cette opération la voie est ordinairement assez large pour qu'on puisse le respecter.

M. Maisonneuve (voyez pl. III, fig. 24) (*Gazette médicale,* 20 septembre 1855) divisa sur la ligne médiane le nez et la lèvre supérieure ; cette seule incision lui a suffi pour mettre l'os à nu.

M. Maisonneuve, en 1857 (voyez pl. III, fig. 25) (*Éléments de chirurgie,* 1863), et M. Bauchet, en 1857 (Société de chirurgie, 25 mars 1863), employèrent à peu près la même incision que M. Nélaton ; seulement ils lui firent parcourir en entier le sillon palpébral inférieur, pour la faire descendre à peu près verticalement en suivant les inflexions des sillons naso-facial, naso-labial, labial supérieur.

Langenbeck (voyez pl. III, fig. 26) a proposé une modification importante à toutes ces opérations ; il veut respecter le bord rouge de la lèvre. Voici le procédé qu'il employa le 23 mai 1856 (*Traité des résections du maxillaire supérieur,* par Heyfelder, p. 79) : incision en ligne courbe à travers la joue, sans lésion de la lèvre se rendant de la région malaire à l'angle de la bouche. Il préfère maintenant le procédé suivant (Lücke, *Beitr. zu don Resect.,* in *Arch. f. chir.;* Langenbeck, 1862) (voyez pl. III, fig. 27) : une incision semi-lunaire commence au niveau du sac lacrymal, ou même entre les sourcils, descend jusqu'au niveau de l'aile du nez, et remonte par la joue jusqu'à la pommette, sans toucher au bord rouge de la lèvre (*Traité des résections,* par le Dr Heyfelder, trad. Eug. Bœkel, p. 264). Ce procédé ne me paraît pas devoir trouver son application dans l'extraction de polypes, car le pont de lèvre restant gênerait beaucoup trop l'opérateur, empêcherait d'étancher convenablement le sang et de le faire couler hors de la bouche.

SECTION DES PARTIES OSSEUSES.

La section des parties osseuses compte un nombre beaucoup moins grand de procédés. En pratiquant l'ablation de l'os maxillaire, on enlève toujours le palatin presque en entier ; il est aussi quelquefois nécessaire de reséquer le malaire, comme l'a fait M. Michaux dans un cas.

L'os maxillaire présente quatre points d'attache qu'il faut diviser ; ce sont : 1° l'articulation avec le frontal et les os du nez, 2° avec l'os jugal, 3° avec le maxillaire de l'autre côté, 4° avec l'apophyse ptérygoïde par l'intermédiaire du palatin. J'ai cité ces attaches dans l'ordre où il convient de les attaquer (voyez pl. III, fig. 28).

Quand on enlève l'os malaire (voyez pl. III, fig. 29), en même temps, au lieu de couper l'articulation jugo-maxillaire, on divise les articulations temporo-jugale et fronto-jugale.

M. Gensoul sectionne toutes les parties dures avec la gouge et le maillet ; il coupe même avec le ciseau le nerf sous-orbitaire. C'est un mauvais procédé ; on ébranle tous les os de la tête, et l'on n'est jamais sûr, même avec la plus grande habileté, de ne pas aller plus loin que l'on ne veut.

D'autres chirurgiens emploient la pince de Liston, qui donne des esquilles et fracture plus qu'elle ne coupe.

Le meilleur moyen est de se servir de la scie à chaîne.

Pour faire passer ce dernier instrument de l'orbite dans la narine, M. Nélaton emploie un perforateur ainsi disposé. C'est une espèce de pince dont les deux mors forment deux arcs de cercle terminés à leurs extrémités par des pointes triangulaires qui percent l'os par un mouvement de rotation. L'os étant percé, les deux branches se croisent l'une sur l'autre, et forment alors un perforateur quadrangulaire qui sert à agrandir le trou fait par les pointes. Pour diviser l'attache jugo-maxillaire, on fait passer la scie à chaîne par la fente sphéno-maxillaire à l'aide d'une aiguille fortement courbée.

Si l'on enlève le malaire, on peut indifféremment couper l'arcade zygomatique avec le sécateur ou la scie à chaîne. Pour diviser l'attache fronto-jugale, il faut mieux se servir de cette dernière en perçant d'abord la paroi externe de l'orbite avec un perforateur.

On détache le périoste du plancher de l'orbite avec le plus grand soin pour ne pas blesser l'œil, et l'on va sectionner le nerf sous-orbitaire aussi loin que possible, avec un bistouri boutonné.

Si l'on veut respecter le plancher de l'orbite (voyez pl. III, fig. 30),
on peut scier l'os au-dessous avec une petite scie de Larrey, ou, ce
qui vaut mieux. avec la scie à molettes; on peut encore se servir du
procédé de M. Bauchet (voyez pl. III, fig. 31). Un perforateur triangulaire fait un trou à la partie supérieure et interne de la fosse
canine, au-dessous de l'arcade orbitaire, vient pénétrer dans la fosse
nasale en ouvrant le chemin à la scie à chaîne. Par le même trou,
le perforateur est dirigé à travers le sinus maxillaire jusqu'au-dessous de l'os malaire, une autre scie à chaîne est passée par cette
voie.

Avant de sectionner la voûte palatine, il faut avoir soin de
couper, avec le bistouri, la muqueuse jusqu'à l'os, en prenant la
direction que devra suivre l'instrument qui divisera l'os. M. Nélaton
(voyez pl. III, fig. 32) laisse les deux premières dents, M. Bauchet en
laisse trois; il faut avoir soin d'enlever la dent au niveau de laquelle
vient tomber l'incision. Le meilleur instrument pour couper la
voûte palatine est encore la scie à chaîne que l'on fait passer par le
nez et au travers d'une perforation du voile avec la sonde de Belloc.
On peut aussi diviser d'abord l'arcade dentaire avec la scie à molettes et achever avec la pince de Liston.

Certaines personnes coupent, dès le début, les attaches du voile
du palais; il est préférable de finir par là, comme le dit M. Michaux,
pour éviter l'écoulement du sang dans l'arrière-bouche pendant
l'opération.

La plupart des chirurgiens se contentent alors de faire basculer
l'os; d'autres veulent diviser son attache postérieure, soit avec un
ciseau tranchant, soit avec une pince courbe, cela est ordinairement inutile.

M. Langenbeck (*Traité des résections*, par le Dr O. Heyfelder)
conseille de détacher toutes les parties molles de la voûte, depuis
l'arcade dentaire jusqu'à la ligne médiane, et de fixer ce lambeau
mucoso-périostique à la joue par quelque point de suture, après
l'extraction de l'os (voyez. pl. IV, fig. 1). La communication entre la
cavité nasale et la cavité buccale se trouve ainsi fermée. Il peut
même quelquefois se reproduire une lamelle osseuse. Ce perfection-

nement, qui peut être excellent dans bien des cas, n'est pas applicable aux polypes naso pharyngiens, parce que la voie serait fermée pour faire des cautérisations et pour surveiller les récidives.

De tous ces procédés, celui de M. Nélaton est certainement le plus avantageux. C'est lui qui laisse les cicatrices les moins apparentes, car elles sont dirigées dans les sillons de la face ; il permet d'atteindre facilement toutes les attaches de l'os maxillaire ; il respecte le sac lacrymal, les paupières inférieures ; les artères divisées sont d'un calibre médiocre ; les branches du nerf facial étant coupées vers leur terminaison, on n'a pas à craindre la paralysie des muscles de la face (orbiculaire, élévateur de la lèvre supérieure, zygomatique, etc.).

Les chirurgiens qui emploient l'incision partant de la commissure labiale pour arriver vers l'os malaire ou l'arcade zygomatique, laissent une balafre au milieu de la joue, ils ne peuvent pas toujours éviter d'inciser le canal de Sténon, d'où résulte une fistule salivaire, souvent très-dificile à guérir. Enfin, dans ces opérations, de nombreux rameaux du nerf facial sont coupés, d'où la paralysie d'une partie des muscles de la face du côté où l'opération a été faite.

Quant aux procédés de MM. Gensoul, Flaubert, etc., ils laissent des cicatrices extrêmement difformes, et coupent aussi les rameaux du facial.

ABLATION DES DEUX MAXILLAIRES A LA FOIS.

M. Heyfelder (13 juin 1844, mémoire de M. Michaux, de Louvain) (voyez pl. IV, fig. 2), pour enlever les deux maxillaires en totalité, emploie à peu près le procédé de M. Velpeau, c'est-à-dire qu'il pratique deux incisions courbes partant chacune d'une commissure labiale, et venant se rendre vers la fosse temporale, un peu en dehors de l'angle externe de l'œil.

M. Maisonneuve (*Gazette des hôpitaux*, page 399 ; 1850), pour enlever les maxillaires, se contenta d'une incision en T, la branche horizontale réunissant les angles internes des deux yeux, et la seconde branche partant du milieu de la première, et descendant verticalement sur le dos du nez jusqu'à la lèvre supérieure qui fut divisée (voyez pl. IV, fig. 3).

On peut, du reste, combiner toutes les incisions que nous avons indiquées pour l'ablation d'un seul maxillaire, suivant les nécessités de la maladie.

Enfin, M. Heyfelder (voyez pl. IV, fig. 4) a proposé, si tous ces moyens ne suffisaient pas, de fendre, d'un premier coup de bistouri, la lèvre inférieure sur la ligne médiane, jusqu'au menton, de faire ensuite, à partir de là, deux incisions contournant le bord de la mâchoire inférieure, jusque vers les oreilles. On détache alors tout le masque du visage.

La section des parties dures se fait de la même manière que pour l'ablation d'un seul maxillaire. *M. Michaux*, de Louvain (mém. cité), conseille alors de respecter les os malaires, les os propres du nez, et les apophyses montantes des deux maxillaires, pour éviter la trop grande difformité.

RÉSECTION PARTIELLE DU MAXILLAIRE SUPÉRIEUR.

M. Michaux est le premier qui ait pratiqué la résection d'une partie du maxillaire pour enlever un polype naso-pharyngien (4 novembre 1843, mém. cité). Avant lui ces sortes d'opérations avaient déjà été exécutées un certain nombre de fois, mais jamais dans ce but. Ce chirurgien (voyez pl. IV, fig. 5) fit une incision partant de la racine du nez, et venant tomber verticalement sur la lèvre qui fut divisée. Les os du nez furent enlevés, et l'apophyse montante coupée à sa base. Le polype n'ayant pu être enlevé par cette voie, M. Michaux s'était encore proposé de faire une nouvelle opération (voyez pl. IV, fig. 6). Les parties molles étant incisées comme précédemment, à l'aide de la gouge et du maillet, il eût ouvert largement le sinus maxillaire en sectionnant la base de l'apophyse

montante. Avec les mêmes instruments, il eût séparé le maxillaire
de l'os malaire, et enfin coupé la paroi antérieure du sinus au-dessus de l'arcade dentaire. Le malade s'y refusa.

Aug. Bérard (Dict. en 30 vol., t. XXVIII, p. 367 ; 1844) a donné un
procédé pour conserver l'arcade dentaire ; il scie horizontalement
l'os maxillaire au-dessus de la voûte palatine avec la scie à molettes.
Les autres sections comme à l'ordinaire. (Voyez pl. IV, fig. 7.)

M. Huguier (13 mars 1850, voyez pl. IV, fig. 8 et 9) fit une incision
verticale, commençant vers l'angle interne de l'œil, longeant le côté
du nez, contournant l'aile du nez et tombant ensuite sur la lèvre
supérieure qui fut divisée. La base de l'apophyse montante fut coupée avec une petite scie à crête de coq. La partie antérieure du sinus
maxillaire fut mise à nu avec la gouge et le maillet.

M. Chassaignac, en 1854 (*Monit. des hôpit.*, 21 mars ; voyez pl. IV,
fig. 10 et 11), donna un nouveau procédé pour enlever un énorme
polype envoyant des ramifications dans toutes les cavités de la face.
Il se proposa en somme de faire à peu près la même opération que
M. Michaux. Il fit une incision transversale d'une orbite à l'autre ;
de cette première incision sur le côté droit, il en fit partir une seconde verticale et un peu oblique, qui arrivée au niveau de l'orifice
des narines, changeant brusquement de direction, devint transversale et comprit toute la largeur du nez, qui se trouvait ainsi inscrit
dans un lambeau rectangulaire, ne tenant plus au reste de la face
que par un seul côté. Les tissus cutanés et cartilagineux qui consti-
tuent l'enveloppe extérieure et une partie de la charpente nasale
furent alors séparés par de larges et rapides incisions, de manière à
rejeter ce lambeau nasal tout d'une pièce sur la joue. Le chirurgien voulait ensuite faire passer une scie à chaîne d'une orbite dans
l'autre, et sectionner d'avant en arrière les attaches qui unissent au
frontal la base des os du nez, ainsi que les apophyses montantes des
maxillaires, puis diviser de chaque côté, au moyen de la pince de
Liston, ou de la scie à chaîne, l'espèce d'auvent que présente la
voûte osseuse du nez, de manière à ouvrir une voie très-large dans
la région ethmoïdienne ; mais chez ce malade, le nez ne présentait
plus qu'une vaste cavité ; l'ethmoïde, moins la lame criblée, le vomer,

les cornets du nez et les parois internes des sinus maxillaires avaient disparu, de sorte que quand la première partie de l'opération fut faite, on put enlever le polype sans toucher aux parties osseuses.

M. Eug. Desprez (voyez pl.IV, fig. 12), au commencement de 1857 (thèse du 25 août 1857), alors interne dans le service de M. Michon, donna aussi un procédé. Voici comment l'auteur le décrit lui-même :

Premier temps. Inciser avec un bistouri dirigé perpendiculairement à la peau, les sillons naso-labial et naso-génien. L'incision doit comprendre l'épaisseur des parties molles : elle sera ensuite dirigée sur le bord antérieur du maxillaire supérieur, depuis le sillon indiqué jusqu'à l'os propre du nez correspondant. Un aide relève la partie latérale du nez ainsi détachée.

Deuxième temps. Inciser la sous-cloison à son union avec la lèvre supérieure, continuer l'incision de manière à détacher, doublé de la muqueuse, le cartilage triangulaire de l'épine nasale antérieure et de la crête qui lui fait suite dans l'étendue de 1 centimètre.

Troisième temps. A la terminaison de cette incision, relever le bistouri perpendiculairement et diviser le cartilage jusqu'à la hauteur des os du nez. L'aide relève ce second lambeau taillé sur la cloison.

Quatrième temps. Introduire parallélement au plancher des fosses nasales, de chaque côté de la cloison, la branche très-étroite d'une pince de Liston; détacher le vomer aussi près que possible de la voûte palatine et dans toute son étendue; reporter l'instrument dans la même direction et au niveau du bord inférieur des os propres du nez, et diviser jusqu'à l'apophyse basilaire. Le vomer est enlevé, c'est alors que l'opérateur doit juger si la voix qu'il s'est créée est assez large, non-seulement pour faire agir les instruments, mais encore pour extraire le polype, soit par fragments, soit en totalité.

Si la maladie a détruit déjà le bord antérieur du maxillaire, il n'y a rien à ajouter à l'opération, sinon avec la gouge et le maillet, ou avec une petite scie; on peut disséquer l'os dans une étendue de 1 centimètre, ou de 1 demi-centimètre; mais il faut préalablement détacher avec le périoste la lèvre externe de la plaie latérale, comme on le fait, par exemple, dans l'ablation du premier métacarpien, en conservant le pouce. Ce supplément à l'opération peut devenir très-utile.

..... Une fois le pédicule bien reconnu, l'exciser aussi près que possible de la racine, ruginer la surface d'implantation et appliquer immédiatement soit le fer rouge, soit le caustique carbo-sulfurique, soit de la pâte de Canquoin.

..... Il serait sage, avant de refermer la plaie, de reconstituer l'édifice un instant compromis, de prendre avec un tube, destiné à la cautérisation ultérieure si elle est nécessaire, la profondeur du point à retoucher, la position mathématique qu'occupe l'instrument lorsqu'il présente son ouverture exactement adaptée à la surface malade (1). Alors les cautérisations deviendraient extrêmement faciles, en dilatant préalablement avec une pince la narine et le cartilage triangulaire devenu plus flexible. » On réunit ensuite les deux plaies.

On voit que M. Eug. Desprez conseille de conserver le périoste quand on enlève une partie de l'os.

M. Demarquay (Soc. de chir., 9 juill. 1857; voyez pl. IV, fig. 13) fit une incision partant de la racine du nez, venant se terminer sur le milieu de la lèvre supérieure; une autre incision qui partant de la commissure gauche vint aboutir au masséter; il disséqua ce vaste lambeau en conservant tout ce qu'il put du périoste. L'apophyse montante et la paroi intérieure du sinus furent enlevées, il laissa les lambeaux quelques jours sans les réunir.

M. Vallet, d'Orléans, pratiqua deux fois des résections partielles du maxillaire supérieur pour des polypes naso-pharyngiens (*Gaz. des hôp.*, 31 mars 1859). La première fois, 4 novembre 1857, voici comment il opéra :

Incision verticale commençant un peu en dessous et en dedans de l'angle interne de l'œil, longeant le côté gauche du nez, et arrivant à la lèvre supérieure qu'elle divise, on dissèque deux lambeaux, l'un interne l'autre externe. La branche montante du maxillaire est divisée à sa base à l'aide de la cisaille de Liston, une seconde section est faite à 1 centimètre au-dessous avec la gouge et le maillet; ces deux sections sont prolongées sur la lame osseuse et antérieure du sinus maxillaire, et réunies par une section verticale, en ayant soin d'éviter les vaisseaux et les nerfs sous-orbitaires. Cette portion osseuse est enlevée ainsi que l'apophyse montante, de la base au sommet. (Voyez pl. IV, fig. 14 et 15.)

Chez son second malade, après avoir détaché les insertions du polype, il ne put parvenir à l'extraire, il fallut élargir la voie que l'on s'était frayée; voici comment l'opération fut complétée. La muqueuse de la voûte palatine fut divisée

---

(1) Il sera toujours impossible d'appliquer exactement ces tubes quand on ne pourra plus voir où l'on pose leur extrémité.

par une incision en T, en laissent intact le voile du palais (chez ce malade,
comme la voûte osseuse était détruite en partie, les lambeaux de la muqueuse
furent facilement écartés, et mirent à nu la branche palatine du polype). A l'aide
de la scie à chaîne, on enleva la portion de l'arcade dentaire où sont implantées
les trois dents incisive latérale, canine et première petite mollaire (v. pl. IV, fig. 16).

Je tiens de M. Taberlet, ancien interne de M. Debrou, d'Orléans,
que ce dernier malade eut une récidive l'année dernière; M. Debrou
fut obligé de lui enlever le maxillaire supérieur.

Il m'a été impossible de savoir ce qu'il est devenu depuis.

M. Alph. Guérin (*Élém. chir. opér.*, 1858) (voyez pl. IV, fig. **17** *A*
et fig. 18), pour enlever seulement la partie inférieure du maxillaire, conseille de faire une incision légèrement convexe en arrière,
commençant en dehors de l'aile du nez, et venant tomber sur la
commissure correspondante de la bouche en suivant le sillon naso-
labial. Puis il divise les attaches palatines du voile. Une pince de
Liston, introduite dans la narine et dans la bouche, sépare les deux
maxillaires; la pince est ensuite portée dans la narine et sur la face
externe de l'os pour isoler par une section transversale la voûte
palatine du plancher de l'orbite. L'apophyse malaire est coupée
avec une petite scie.

Arrachart, de Lille (*Gaz. des hôp.*, 25 août 1859) (voyez pl. IV,
fig. 19 et fig. 20), opéra de la manière suivante : 1° Incision verticale
commençant au-dessous de l'angle interne de l'œil, descendant le
long des côtés du nez, contournant l'aile du nez pour diviser la lèvre sur la ligne médiane ; 2° incision transversale partant de la tubérosité malaire, suivant le rebord orbitaire inférieur pour tomber
perpendiculairement sur la première. L'os malaire est scié avec la
scie à chaîne, l'apophyse montante du maxillaire supérieur est coupée
avec la pince de Liston. La paroi antérieure du sinus maxillaire est
divisée avec la scie à molettes à sa jonction avec l'arcade dentaire.

M. Maisonneuve (*Gaz. des hôp.*, 21 août 1860) (voyez pl. IV,
fig. **17** *B* et fig. 18) donne comme étant de son invention le procédé de

M. Alph. Guérin, en modifiant seulement la section des parties molles. Il fait à la lèvre supérieure une incision oblique de 3 cent. environ de hauteur au niveau de la dent canine.

M. Labat (*Mon. des sc. méd. et pharm.*, 1860, p. 1028) (voyez pl. ɪv, fig. 17 *C* et fig. 18) emploie aussi à peu près le même procédé que M. Guérin, auquel il ne fait que la modification suivante : Son incision part de l'aile du nez, et tombe perpendiculairement sur la lèvre qui est divisée.

M. Demarquay (*Ac. des sciences*, 18 août 1862; *Gaz. hebdom.*, p. 554) pratiqua une opération qu'il décrit ainsi (voyez pl. ᴠ, fig. 1 et 2) : « Je fis partir ma première incision du grand angle de l'œil et suivant le sillon naso-génien, je la terminai à la partie inférieure de la narine; de la partie inférieure de cette première incision, j'en fis partir une seconde allant jusqu'au masséter ; cela fait, je disséquai les deux lambeaux formés par mes incisions, à savoir : un lambeau nasal et un lambeau génien ; mettant le plus grand soin à ménager le périoste; cela fait, avec une pince de Liston, j'enlevai l'apophyse montante du maxillaire, en laissant assez de cet os pour ne pas déformer le nez et toute la paroi antérieure du sinus maxillaire, en conservant le bord orbitaire. »

La tumeur fut ensuite enlevée par arrachement. On voit que dans cette opération M. Demarquay conserve intact le bord de la lèvre.

M. Maisonneuve (*Clin. chir.*, tome II, p. 400 ; 1864) recommande maintenant de ne faire aucune incision à la joue ou aux lèvres si le malade a la bouche assez grande ; sinon de fendre la lèvre d'un seul trait (voyez pl. ɪv, fig. 17 *D*), depuis la narine jusqu'à son bord libre. Dans les deux cas, il porte son bistouri au fond du sillon maxillo-buccal pour séparer l'os des parties molles.

MÉTHODE DE M. NÉLATON.

Le 27 décembre 1848, M. le professeur Nélaton pratiqua pour la première fois une opération qu'il avait inventée pour éviter les délabrements et les difformités que laisse après elle l'ablation du maxillaire supérieur, et se créer cependant une voie assez large et directe pour arriver au polype. Voici quelle est cette opération : 1° section, à l'aide des ciseaux et du bistouri, du voile du palais dans toute son épaisseur et dans toute sa hauteur, au niveau de la luette qui est coupée en deux (voyez pl. VI, fig. 1); 2° prolongement de cette section par une incision sur la voûte palatine, s'étendant dans la moitié postérieure de cette voûte. Cette incision doit être faite avec un fort bistouri et aller jusqu'à l'os; 3° de l'extrémité antérieure de cette incision on en fait partir deux autres un peu obliques (voyez pl. VI, fig. 1), et se dirigeant de dedans en dehors; elles doivent aller également jusqu'à l'os, de manière à bien couper le périoste; 4° décollement de ce périoste qui est intimement uni à la muqueuse palatine. Il est facile dans la partie antérieure (voyez pl. VI, fig. 2), mais à la partie postérieure la muqueuse se trouve retenue, parce que le voile du palais est formé de deux feuillets qui sont le prolongement, l'un de la muqueuse palatine, l'autre de la muqueuse des fosses nasales. Il faut alors avec le bistouri sectionner le feuillet postérieur du voile du palais (voyez pl. VI, fig. 3), le décollement se continue ensuite facilement. On a alors deux lambeaux à peu près rectangulaires que l'on tient relevés (voyez pl. VI, fig. 4). Avec un perforateur, on fait deux trous à 1 cent. de chaque côté de la ligne médiane dans la portion antérieure de la voûte osseuse que l'on a mise à découvert (voyez pl. VI, fig. 4); ces deux trous faits, l'on introduit dans chacun d'eux l'un des mors d'une pince de Liston, et on fait éclater la partie osseuse qui se trouve comprise entre eux. Il s'échappe alors une portion d'os qui comprend ordinairement toute la partie postérieure de la voûte palatine; si la section n'est pas complète, on l'achève avec la pince de Liston (1). Cette portion de la voûte osseuse enlevée, il reste la muqueuse des fosses nasales, et le périoste qui lui est adhérent et qui recouvrait l'os, mais qui l'a abandonné quand on l'a fracturé. On incise également cette muqueuse sur la ligne médiane et on relève les deux lambeaux. On resèque ensuite, s'il y a lieu, une portion plus ou moins grande du vomer.

Il est une circonstance qui facilite souvent la dernière partie de l'opération, c'est lorsque la voûte palatine osseuse, comprimée par la tumeur, est réduite en quelque sorte à un feuillet parcheminé, qu'il est facile de couper d'un même coup avec la muqueuse palatine. Chez plusieurs opérés de M. Nélaton on pénètre ainsi du premier coup jusque dans les fosses nasales. Chez un malade, M. Jarjavay laissa de côté la pince de Liston, et une spatule lui suffit pour enlever par fragments les parties osseuses.

On obtient ainsi une assez grande perforation au fond de laquelle apparaît le polype.

On peut quand le malade est guéri employer la staphyloraphie, ou ce qui est plus simple mettre un obturateur pour combler le vide fait par l'opération.

Une particularité remarquable dans l'emploi de cette méthode, c'est qu'une fois l'opération faite, quand on laisse le malade se reposer pendant plusieurs jours, ainsi que le fait maintenant M. Nélaton, on voit le polype venir faire saillie dans la bouche, entre les bords de la division du voile et du palais, et s'offrir de lui-même aux

---

(1) M. Legouest (Soc. chir., 30 mars 1859, 11 janvier 1860) a parlé d'une forme particulière de la voûte palatine qui peut rendre difficile l'emploi de la méthode de M. Nélaton : « Il existe, dit-il, des sujets, et le nôtre en est un exemple, chez lesquels la voûte est ogivale au lieu d'être surbaissée ; elle est alors très-élevée, étroite, peu accessible aux instruments, et ne peut être que très-imparfaitement reséquée. Il en résulte que le complément de l'opération, c'est-à-dire la cautérisation, qui pour certains chirurgiens en est la partie fondamentale, ne peut être menée à bien. »

Cette observation est exacte; dans ces cas l'opération est un peu moins facile, mais ce n'est pas un obstacle insurmontable.

cautérisations. Cela se comprend du reste facilement, car c'est le seul côté où la tumeur ne trouve plus de résistance.

MM. Botrel et Richard ont proposé quelques modifications. Le premier conseille de respecter la luette, ce qui a réellement peu d'importance et ne sert qu'à gêner l'opérateur. Le second évite la division du voile du palais, parce que l'hémorrhagie est ce qu'il redoute le plus. Il se contente de pratiquer la perforation de la voûte palatine; mais il en resèque une portion bien plus grande que ne le fait M. Nélaton. On arrive bien par ce moyen sur le point d'implantation, mais alors il ne faut pas songer à attaquer la tumeur par aucun autre moyen que les caustiques, car il serait très-difficile par cette ouverture de pratiquer l'extraction. Du reste, M. Richard n'en veut point; il pratique immédiatement des cautérisations en introduisant des trochiques au chlorure de zinc dans la tumeur. Par ce moyen on évite, dit-il, les dangers de l'excision et de l'arrachement.

Depuis que M. Nélaton a fait connaître cette opération, un assez grand nombre de chirurgiens l'ont appliquée. J'ai pu recueillir vingt-sept observations; je vais les faire connaître dans le tableau suivant.

N°	Noms.	Age.		Date des opérations.	Opérés par MM.	Résultats.	Sources.	Observations.
1	Eugerer.	16 ans.		27 déc. 1848.	Nélaton.	Succès.	Thèse Botrel, 25 mai 1850.	Staphylorrhaphie.
2	Fosson.	21	»	28 déc. 1849.	Nélaton.	Mort.	Thèse Botrel, 25 mai 1850.	Ce malade était mourant quand il fut opéré.
3	Rondenay (Lubin).	19	»	14 janv. 1853.	Nélaton.	Succès.	Thèse d'Ornellas, obs. 3, 1854 ; thèse Beuf, obs. 6, 1857.	En 1855, il était revenu un petit bourgeonnem. du pédicule, qui fut détruit.
4	J. X.	19	»	1853.	Jarjavay.	Inconnu.	Société chirurg., 5 mai 1860	Le malade partit quatre jours après l'opération.
5	Laroche (Laurent).	14	»	mai 1853.	Desgranges.	Succès.	*Gazette hebd.*, 1854 : thèse Brevet, obs. 2, 12 juin 1855.	Cautérisation par le procédé de M. Desgranges.
6	Leprêtre (Joseph).	31	»	28 févr. 1854.	Nélaton.	Mort.	Thèse Beuf et thèse d'Ornellas, obs. 4.	Prolongation de la tumeur du côté du cerveau.
7	Loir (Adolphe).	19	»	13 mars 1854.	Nélaton.	Succès.	Thèse Beuf, thèse d'Ornellas, obs. 5.	
8	X.	18	»	1854.	Richard (h. St-Antoine).	Sorti en bon état.	Thèse Beuf, obs. 9.	Ce malade mourut, quelques jours après sa sortie, de variole.
9	M. (Joseph).	12	»	8 juillet 1854.	Barrier (de Lyon).	Succès.	Thèse Brevet, 1855.	Cautérisations par le procédé de M. Desgranges; staphylorrhaphie sans succès. Pas d'hémorrhagie.
10	L., étudiant en pharm.	17	»	23 mai 1856.	Nélaton.	Succès.	Thèse Beuf, obs. 8.	
11	Jeune homme de Mamers	19	»	Sept. 1856.	Nélaton et Richard.	Succès.	Thèse Beuf, obs. 4.	
12	Girardeau (Gabriel).	18	»	1856.	Richard.	Incomplet.	Thèse Beuf, obs. 10.	Les cautérisat. ne purent enrayer le mal.
13	Mme H.	55	»	Octob. 1857.	Richard.	Succès.	Société chirurg., 3 et 9 mai 1860.	
14	P. (François).	17	»	1859.	Deguise.	Incomplet.	Société chirurg., 13 mars 1861.	Il y eut récidive, parce qu'il ne fut pas fait de cautérisation immédiatement.
15	X.	18	»	6 févr. 1859.	Michaux.	Récidive.	*Gazette des hôpit.*, 2 juin 1864.	Aucun renseignement.
16	L. (Joseph).	22	»	26 mars 1859.	Legouest.	Incomplet.	Société chirurg., 11 janvier 1860.	Le malade fut longtemps en traitement et partit avant d'être guéri.
17	Couasse.	23	»	13 avril 1859.	Nélaton.	Succès.	Obs. prise par M. Péan, commun. par M. Nélaton.	
18	Nebout (Pierre).	26	»	16 mai 1859.	Robert.	Succès.	*Monit. des hôpit.*, 26 mai 1859 ; Société chirurg., 18 janvier 1860 ; Robert, *Clinique chirurgicale.*	
19	X.			Avant 1860.	Verneuil.	Inconnu.	Société chirurg., 3 mai 1860.	Le malade était guéri lorsqu'il sortit de l'hôpital, mais il ne fut pas suivi depuis.
20	Louzy.	14	»	Mai 1860.	Richard.	Incomplet.	*Idem,* id.	
21	X.			1860.	Robert.	Succès.	*Clinique chirurgicale.*	
22	Saliné (Laurent).	21	»	25 avril 1861.	Nélaton.	Mort.	Observ. de M. Péan, commun. par M. Nélaton.	
23	Aumont (Ernest).	16	»	Nov. 1862.	Dolbeau.	Incomplet.	Obs. personnelle.	Cautérisation avec le gaz d'éclairage.
24	X.		»	1863.	Nélaton.	Succès.		Le malade est mort d'une fièvre typhoïde.
25	Varin.	21	»	1863.	Nélaton.	Incomplet.		M. Nélaton recevait, le 25 juin, une lettre de ce malade disant qu'il se portait à merveille. (Cautérisat. électr.)
26	Roger.	20	»	1864.	Nélaton.	Succès.		(Cautérisat. électr.)
	Roux (Auguste).	18	»	1864.	Nélaton.	Encore en traitement.		

On voit qu'il y a 10 malades qu'il faut retrancher de cette statistique:

2 résultats inconnus (4—19),

2 morts d'autre maladie (8—25);

1 où on ne fit pas de cautérisation (14),

1 mort avec prolongement cérébral (6),

1 mourant quand il fut opéré (2),

1 encore en traitement (27),

1 (n° 23) — en lisant l'observation (v. p. 59), on voit que l'insuccès n'est pas dû à l'opération,

1 malade qui se trouva suffisamment bien, et quitta l'hôpital avant
la guérison (20).

Il reste alors 17 malades :

13 succès,

1 insuccès (12),

1 cas (16) (on n'employa qu'un caustique trop peu énergique),

1 récidive,

1 mort.

Il faut ajouter que le malade de M. Verneuil paraissait guéri quand
il quitta l'hôpital.

Toutes les observations contenues dans ce tableau ont été publiées,
sauf les suivantes, dont je vais donner la description, et les 4 dernières que je n'ai pu malheureusement me procurer. Elles doivent
être, du reste, publiées sous peu. Je n'ai pu, ici, qu'indiquer
leurs résultats.

OBSERVATION VI.

(Recueillie par M. Péan, communiquée par M. Nélaton.)

Couasse (Louis-Auguste-François), entré à l'hôpital des Cliniques le 6 avril
1859, lit n° 14. 23 ans.

Ce malade sentait depuis quelques années qu'il y avait quelque chose d'anormal dans son nez. Il en fut averti par l'apparition soudaine d'hémorrhagies, dont
quelques-unes furent très-abondantes. Une fois surtout, il eut à la suite une syncope prolongée qui fit croire à la mort. La respiration est très-gênée depuis deux
ans. A son entrée à l'hôpital, la dyspnée est extrême; ronflement pendant le sommeil; menace d'asphyxie. Le polype est énorme, il remplit le pharynx; le voile du

palais est repoussé en avant; des prolongements pénètrent dans les fosses nasales et dans l'orbite.

Le 13 avril l'ablation du polype est pratiquée par M. le professeur Nélaton, suivant son procédé.

La tumeur est fibreuse, blanche ou blanche rosée par places. Après 48 heures il s'en écoule un liquide sanieux à la coupe, les vaisseaux qui se rencontrent souvent dans ces sortes de tumeurs sont ici peu apparents.

Immédiatement après l'ablation de la tumeur, le malade se sentit soulagé, la respiration s'exécutait facilement. Au bout de quelques jours l'état de somnolence dans lequel le malade était plongé avait complétement cessé.

27 avril. On enlève encore aujourd'hui une certaine portion de la tumeur à l'aide de l'écrasement linéaire et de l'arrachement avec la pince à polype.

Des portions de tumeur furent ainsi enlevées à plusieurs reprises par les mêmes moyens.

Il y a là une voie largement ouverte par laquelle on peut porter facilement sur le polype les caustiques destinés à le détruire.

A partir du 26 mai, on introduisit à différentes reprises de petits trochisques de pâte solide au chlorure de zinc. Ces petits trochisques entrèrent facilement, comme cela a du reste lieu ordinairement, parce que la tumeur, tourmentée par les instruments, s'est un peu enflammée et ramollie.

Le lendemain, les fragments de pâte furent retirés et remplacés par d'autres plus considérables. Ces applications furent répétées un certain nombre de fois. En quelques semaines, la guérison était complète. Exeat le 6 septembre.

Ce malade fut revu depuis par M. le Dʳ Henri qui l'avait envoyé à M. Nélaton. Le succès ne s'est pas démenti.

OBSERVATION VII.

(Recueillie par M. Pean, communiquée par M. Nélaton.)

Saliné (Laurent), 21 ans, serrurier, né à Auvillers (Haute-Garonne), entré à l'hôpital des Cliniques le 18 avril 1861, couché au n° 26.

Vers l'âge de 10 à 12 ans, ce malade a commencé à s'apercevoir qu'il avait quelque chose dans le nez.

Il lui arrivait des hémorrhagies souvent assez considérables pour le faire tomber sans connaissance; plus tard, le sang ne vint plus par les narines, mais par la gorge, parce que la tumeur obstruait les fosses nasales. Il y a quatre ou cinq ans, il a consulté des médecins qui lui ont conseillé une opération; il resta dans le même état. Depuis il s'adressa à M. Dupuis, de Bordeaux, qui fit une ligature sans résultat. On fit ensuite une excision très-incomplète. Quelque temps après, M. Soulé, de Bordeaux, divisa le voile du palais, et pratiqua une nouvelle excision, qui fut encore incomplète. C'est alors qu'il entra dans le service de M. Nélaton, le 18 avril 1861.

A son entrée à l'hôpital, ce malade présente une déformation considérable de la face à droite ; l'œil est un peu procident, et, en relevant la commissure buccale, on voit une tumeur qui soulève la muqueuse ; la voûte palatine est également déformée, elle a perdu de sa largeur normale. Le palper fait reconnaître dans la joue une tumeur de la grosseur et de la forme d'un très-gros œuf de poule ; le doigt, recourbé derrière le voile du palais, constate des adhérences à ce voile. Cette tumeur est dure, résistante, elle présente tous les caractères d'un polype naso-pharyngien. Les deux portions de la tumeur génienne et pharyngienne sont réunies par un pédicule qui semble passer par le trou sphéno-palatin, ainsi que cela a lieu ordinairement en pareil cas. La tumeur de la joue ne pouvant repasser par ce trou, il faudra ici aller directement à sa recherche en faisant une incision à la joue, en ayant soin toutefois de ménager, autant que possible, le nerf facial, et de passer, si l'on peut, par-dessus le canal de Sténon, pour ne pas avoir de fistule salivaire.

Le malade fut opéré, dans les derniers jours d'avril 1861, par M. Nélaton, qui employa son procédé. La section du pédicule fut faite avec l'écraseur ; malgré la lenteur de l'opération, il y eut une hémorrhagie qui fut arrêtée par un petit tampon de perchlorure de fer. L'incision de la joue fut remise à un autre jour.

Le 29 avril, les bourdonnets de charpie tamponnant le fond de la plaie furent enlevés en partie, et M. Nélaton se proposait d'enlever le reste de la tumeur quelques jours après, quand le malade mourut le 2 mai.

Je regrette vivement de n'avoir pu retrouver l'autopsie de ce malade.

OBSERVATION VIII.

Aumont (Ernest), 16 ans, né à Bernay (Eure), demeurant à Paris, rue de Vaugirard, entré, le 9 juillet 1863, à la Charité.

Il y a deux ans et demi, ce malade eut une hémorrhagie qui dura trois jours, le tamponnement seul put l'arrêter. Depuis à peu près deux ans, il s'est aperçu que le nez était obstrué et qu'il laissait suinter continuellement de la sérosité sanguinolente ; il y avait en même temps du ronflement pendant le sommeil et du larmoiement de l'œil droit. Depuis dix-huit mois, il ne respire plus du tout par la narine droite, l'air ne passe même plus à gauche qu'à la condition d'être poussé très-fortement. La vue a toujours été aussi bonne à droite qu'à gauche. Depuis le même temps, un prolongement de la tumeur passe entre les deux mâchoires, ce dont le malade a lui-même conscience. Il voyait aussi, au moyen d'une glace, en se plaçant au soleil, qu'il y avait quelque chose dans sa narine droite.

Vers le milieu de novembre 1862, le malade étant alors à l'hôpital Saint-Louis, dans le service de M. Denonvilliers, M. Dolbeau, qui le remplaçait, pratiqua sur lui l'opération de M. Nélaton, en respectant le bord libre du voile, ainsi que l'a conseillé M. Botrel; il enleva une portion de la tumeur, qui avait à peu près la grosseur d'un œuf. Au bout de trois ou quatre jours, les bords de la plaie étant presque réunis, on fut obligé de les séparer; il ne restait plus alors qu'une très-petite portion du pédicule.

Jusqu'au mois de mars, il ne fut rien fait, le reste de la tumeur fit des progrès et repoussa le voile en avant.

Depuis cette époque jusqu'au 15 mai, on se contenta de pratiquer quelques cautérisations soit avec l'acide nitrique, soit avec l'acide chromique, tout cela fort irrégulièrement, de sorte que le malade s'affaiblissant de jour en jour, l'état d'épuisement était tel qu'on jugea à propos de l'envoyer à Vincennes, pensant qu'il serait dans de meilleures conditions pour se rétablir. Vers cette époque, la luette acheva de se fondre sous la pression de la tumeur.

Le malade rentra à la Charité le 9 juillet 1864. Au bout de trois ou quatre jours, il fut pris de fièvre. Pendant ce temps, une partie de la tumeur se gangréna et tomba par le nez sous l'influence d'une très-légère traction; une autre portion vint également par la bouche. Il ne fut plus rien fait jusqu'au moment où le malade quitta l'hôpital, vers la fin du mois de septembre.

On voit que l'observation de ce malade offre peu d'intérêt dans la question qui nous occupe, puisque, par le fait de son passage successif dans plusieurs hôpitaux, il fut soumis à un traitement incomplet et fort irrégulier.

PROCÉDÉS DE MM. PALASCIANO ET RAMPOLLA.

En 1860, M. Rampolla, de Palerme, présenta à la Société de chirurgie un procédé nouveau qu'il donna comme étant de son invention. M. Palasciano, de Naples, réclama la priorité de cette opération, qu'il avait pratiquée deux fois en 1857 (compte rendu du 34ᵉ congrès de naturalistes allemands, Société chirurgicale, 18 et 25 avril 1860; *Moniteur des sciences*, 25 août 1860; p. 393). Ce n'est, en somme, qu'une ligature extemporanée pratiquée par un procédé plus incommode que tous les autres (1).

____

(1) Voici comment M. Rampolla décrit son opération et les réflexions qui précèdent :

« Il existe une connexion très-rapprochée entre le grand angle de l'œil et la

Je n'ai trouvé que quatre opérations faites par ce procédé. Deux opérés de M. Palasciano, 9 et 14 novembre 1857. Il y eut deux récidives. — Le cas de M. Rampolla. Mort le quinzième jour. — Enfin

---

partie antérieure de la cavité nasale ; si donc on cherchait à pénétrer dans cette cavité par la région susdite en respectant la portion cartilagineuse et les os propres du nez et en sacrifiant seulement la paroi osseuse de la fossette lacrymale, on arriverait, d'avant en arrière et de haut en bas, dans la partie la plus élevée du pharynx..... C'est la gouttière lacrymale qui sert de point de repère.

« On explore la tumeur, et l'on reconnaît son point d'implantation au moyen du doigt introduit dans l'arrière-gorge ou dans les fosses nasales ; on habitue le malade à ces manœuvres et on procède de la manière suivante :

« 1er *temps*. Pour découvrir le bord interne de la gouttière lacrymale, on pratique une incision de 2 à 3 centimètres en dedans de l'insertion du tendon de l'orbiculaire, sur le bord antérieur de la gouttière ; sa direction est d'abord verticale ; elle commence à 3 ou 4 millimètres au-dessus du tendon, puis s'incline en dehors en suivant toujours le bord de la gouttière, de manière à présenter une concavité externe et supérieure. Les parties molles étant peu épaisses, on arrive de suite au périoste ; on évite, s'il est possible, la veine angulaire et l'anastomose de la faciale avec l'ophthalmique.

« 2e *temps*. On quitte le bistouri pour la rugine, on sépare le périoste de l'apophyse montante du maxillaire supérieur, on décole le sac lacrymal et le tendon direct de l'orbiculaire, on écarte enfin toutes ces parties en dehors, tandis qu'un aide, de son côté, rétracte en dedans la lèvre interne de la plaie.

« 3e *temps*. A l'aide d'un trocart large et courbe, on perfore la paroi interne de la gouttière lacrymale, c'est-à-dire l'os unguis. Le trocart pénètre ainsi dans les fosses nasales par le méat supérieur ; on le pousse dans la profondeur de haut en bas, sa convexité regardant en haut et en arrière, jusqu'à ce qu'il arrive au bord inférieur du voile du palais ; alors on lui fait subir un mouvement de rotation sur son axe, de façon que sa convexité, qui était dirigée en haut, réponde au contraire à la paroi inférieure des fosses nasales.

« 4e *temps*. Le poinçon du trocart est retiré, on laisse la canule en place ; elle sert à conduire une bougie flexible, armée d'une anse de fil à son extrémité antérieure. Lorsque la pointe de la bougie est parvenue dans le pharynx, où l'œil peut l'apercevoir, on la saisit avec une pince et on l'entraîne par la bouche ; elle amène avec elle l'un des chefs du fil, l'autre chef restant à l'extérieur, maintenu par un aide sur le front.

« 5e *temps*. On ôte la canule en laissant le fil en place, on fixe son chef frontal à la partie moyenne de la chaîne contenue et cachée dans la canule, puis on en-

un opéré de M. Valette, de Lyon. Le polype fut bien enlevé, mais il
il y eut un phlegmon de l'œil. On voit que le résultat n'est pas
brillant.

---

fonce cette dernière dans la même direction que le trocart, on lui fait subir
également un mouvement de rotation quand elle est parvenue dans le pharynx ;
alors, en exerçant de légères tractions sur le fil et en poussant en même temps
la tige d'acier contenue dans la canule, on fait sortir la chaîne qui se développe
en anse dans le pharynx.

« 6e *temps*. On pratique l'écrasement par la manière ordinaire, et on retire la
tumeur par la bouche et l'écraseur par la voie qui lui a livré partage. On fait le
pansement de la plaie lacrymale en réappliquant le petit lambeau et en le
fixant avec quelques bandelettes agglutinatives.

« *Traitement consécutif*. Le malade est tenu dans le silence et l'immobilité. On
refusera tout aliment, on permettra l'usage de la glace sucrée. Il suffit de dire
aujourd'hui que la destruction du sac lacrymal, telle qu'elle est faite dans notre
procédé, ne peut entraîner d'accident fâcheux, et que la plaie se comporte
comme une plaie simple. »

L'auteur donna, quelque temps après, une légère modification à son procédé
pour les cas où le polype serait très-volumineux, multilobé et soudé aux parties
voisines par des adhérences consécutives : «Si donc on avait affaire à une tumeur
de ce genre, il faudrait modifier quelques-uns des temps du procédé : les incisions extérieures et la perforation des os resteraient les mêmes ; seulement, au
lieu de conduire par la voie nouvelle un seul fil dans le pharynx, on en condui-
rait deux, l'un sur le côté interne, l'autre sur le côté externe du polype. Au bout
buccal de chacun d'eux, on attacherait une des extrémités de la chaîne ; puis, en
attirant ainsi les deux ligatures, on engagerait la tumeur dans l'anse métallique,
qu'on ferait glisser derrière le polype par des manœuvres convenables.

«Ceci fait, on engagerait les deux bouts de la chaîne dans la canule de l'écraseur, et on procéderait comme d'ordinaire, la chaîne devant être plus longue et
aussi plus forte, proportionnée, en d'autres termes, aux dimensions et à la résistance de la tumeur. »

M. Delore fait remarquer qu'il est difficile de pénétrer dans le méat supérieur
et que l'on pénètre le plus souvent dans le méat moyen, ce qui fait manquer
le but.

PROCÉDÉS OSTÉOPLASTIQUES.

Je vais passer maintenant à l'étude des procédés dits *ostéoplasti-ques*. C'est, comme le fait remarquer le Dr E. Bœckel (traduction du *Traité des réductions* de Heyfelder, p. 392), une fausse dénomina-tion, parce qu'on ne comble pas une perte de substance de l'os au moyen de tissus voisins, mais qu'on replace simplement un lambeau qu'on avait soulevé pour les besoins de l'opération. M. Bœckel a proposé de leur donner le nom de *résections temporaires*.

PROCÉDÉ DE M LANGENBECK.

On avait déjà conservé le périoste dans les ablations complètes ou incomplètes du maxillaire. M. le professeur Langenbeck, de Berlin, le premier, trouva un procédé qui semblait promettre mieux encore. Il s'agissait de conserver les parties après les avoir séparées, de les remettre en place de manière à ne plus avoir les désordres que lais-sent, il faut bien l'avouer, les procédés de M. Flaubert, et aussi un peu celui de M. Nélaton. Cette première opération fut faite en 1859. (*Deutsche Klinick,* n° 48). La relation de cette opération se trouve dans le numéro du 27 janvier 1860 de la *Gazette hebdomadaire de méde-cine et de chirurgie.*

Le polype était assez considérable. Une incision qui s'étendait de-puis le milieu de la racine du nez jusqu'au côté externe de l'aile na-sale permit de disséquer la peau en respectant le périoste. A l'aide d'une tenaille incisive, M. Langenbeck coupa d'abord les os propres du nez jusqu'à l'épine nasale du frontal, en longeant la cloison ; puis, par une incision transversale, qui pénétrait jusque dans le sinus ma-xillaire, la base de l'apophyse orbitaire du maxillaire. (Voir p. V, fig. 3 et 4.) Les os furent ensuite luxés, en haut, à l'aide d'un éléva-teur introduit dans la fosse nasale et soulevé au devant du front. Le polype put alors en être extrait sans difficulté. Les os luxés, qui restaient adhérents par un lambeau large d'un pouce, périostique d'une part, muqueux de l'autre, furent ensuite remis en place, et l'incision de la peau réunie par des points de suture.

Les suites de l'opération furent d'une merveilleuse simplicité; la réunion était complète au bout de quinze jours. Il ne restait qu'un peu de gonflement au niveau de la section de l'apophyse orbitaire; les os compris dans ce lambeau n'étaient nullement douloureux, et tout indiquait que la cicatrisation des os était achevée ou se compléterait sans accident.

Je ne comprends pas qu'une tumeur aussi grosse que le dit l'auteur ait pu passer par une voie aussi étroite que celle qu'il s'est frayée. Le malade guérit (traduction du *Traité des résections* de O. Heyfelder par Bœckel, p. 293), mais il se produisit une fistule lacrymale, qui ne se ferma qu'après l'expulsion de quelques lamelles osseuses; probablement que l'unguis avait été lésé.

PROCÉDÉ DE M. BOECKEL.

Le procédé dont nous venons de parler dépouille les os des parties molles qui les recouvrent et ne les laisse en rapport qu'avec le périoste. Cette membrane peut se détruire par accident, et alors la nécrose arriverait forcément. Voici un procédé qu'a proposé M. Bœckel pour parer à cet inconvénient (*loc. cit.*, p. 294) :

1° On fait une incision transversale sur le dos du nez, allant d'un sac lacrymal à l'autre, immédiatement au-dessous du tendon de l'orbiculaire; une seconde incision part de l'extrémité droite de la première, descend dans le sillon naso-génien jusqu'à l'aile du nez qu'elle détache; une troisième incision divise la sous-cloison à son union avec la lèvre (voyez pl. V, fig. 5).

2° A l'aide d'un trocart, on perce le nez d'un sac lacrymal à l'autre, on divise les os dans le sens de la première incision avec la scie à chaîne; un second trait donné avec une scie à guichet divise les os dans le sens de l'incision verticale. Enfin il reste à couper verticalement la cloison des fosses nasales aussi loin en arrière que possible; on y parvient moyennant une pince de Liston, un fort bistouri ou une petite scie.

3° On replie le vaste lambeau comprenant presque toute la saillie du nez, vers le côté droit, en brisant l'apophyse montante de ce côté à sa base. On la saisit entre les branches d'une forte pince garnie d'amadou. Si elle offre trop de résistance, on peut la diviser par l'intérieur du nez avec un ciseau.

4° Pour achever de dégager l'accès du pharynx, il faut encore extraire les cornets et le reste de la cloison ; puis, le polype enlevé, on refixe le nez en place à l'aide de points de suture. La portion de cloison qui a été conservée et repliée avec le nez empêcherait l'affaissement de cet organe, et les cicatrices seraient certainement peu visibles. Ce n'est, en somme, que le procédé décrit par M. Chassaignac, modifié seulement en ce que les os divisés restent adhérents aux parties molles et sont réappliqués avec elles. Du reste, le procédé de M. Bœckel n'a jamais été employé sur le vivant.

M. Malgaigne, avant M. Bœckel (*Médecine opératoire*, p. 456, 6° édit., 1861), avait déjà conseillé une opération de ce genre. Ayant décrit le procédé de M. Chassaignac, il dit : « Et j'ajouterai que, dans tous les cas, il serait bien préférable de laisser les os adhérents à leurs cartilages et au reste du lambeau que de les détruire. »

PROCÉDÉ DE M. LAWRENCE.

M. Lawrence (*Med. Times*, novembre 1862, p. 491) employa un procédé du même genre sur un jeune homme de 22 ans, mais son malade n'avait que des polypes muqueux (voyez pl. V, fig. 6). Deux incisions partant du côté interne des sacs lacrymaux divisèrent les téguments de chaque côté du nez et se terminèrent au point de jonction des ailes nasales avec la lèvre supérieure. Puis le chirurgien coupa les apophyses montantes du maxillaire et les os du nez avec des cisailles. Enfin il divisa la cloison et releva le nez sur le front.

Le nez fut ensuite replacé dans sa position normale, où on le maintint par quelques sutures. En peu de jours, le malade était guéri.

PROCÉDÉ DE M. HUGUIER.

M. Huguier présenta à la Société de chirurgie, le 28 mai 1861, un malade qu'il avait opéré le 11 août 1860 par un procédé de son invention. Voici en quoi il consiste :

1º La bouche étant largement ouverte, une boutonnière transversale est pratiquée à la base du voile du palais; puis, à l'aide de la sonde de Belloc, on fait passer par la fosse nasale et par cette boutonnière un fil au bout duquel est fixée une bandelette de fil destinée, dans la suite de l'opération, à opérer des tractions sur le maxillaire supérieur gauche, pour le renverser en bas et à droite (le polype occupait la narine gauche) (voir pl. V, fig. 7).

2º Une incision est faite, comprenant toute l'épaisseur de la joue, de la commissure labiale gauche au bord antérieur du masséter; une seconde incision partant du sillon naso-génien, entre l'aile du nez et la commissure des paupières du côté gauche, contourne l'aile du nez qu'elle détache; puis aboutit au niveau de la lèvre supérieure; les deux incisions ont nécessité deux ligatures sur l'artère faciale. Ce lambeau triangulaire est ensuite détaché avec soin et relevé en dehors.

3º Un trait de scie horizontal sépare en deux parties le maxillaire supérieur de l'os palatin, commençant immédiatement au-dessus de la tubérosité maxillaire, il aboutit au-dessus du plancher des fosses nasales.

4º La première incision droite est luxée par un davier, puis un trait de scie peu profond est donné d'avant en arrière, sur la voûte palatine, à gauche de la cloison.

5º La base de l'apophyse ptérygoïde est coupée avec un fort sécateur, et la partie inférieure du maxillaire supérieur se trouve ainsi détaché du reste des os de la face (voir pl. V, fig. 8), auxquels il ne tient plus que par les deux feuillets muqueux de la voûte palatine et du bord alvéolaire supérieur, en se servant comme levier d'un ciseau, pendant que des tractions sont faites de haut en bas et de dehors en dedans, à l'aide du ruban de fil passé, dans le premier temps de l'opération, par la fosse nasale gauche et la boutonnière du voile du palais; on obtient la luxation du maxillaire supérieur qui est renversé en dedans de la bouche. Toute cette partie de l'opération, ayant pour but de mettre à découvert le polype, se fait sans autre accident qu'une perte de sang insignifiante.

Le polype fut enlevé par excision avec une cuiller tranchante; il y eut une hémorrhagie effrayante; on pratiqua des cautérisations au fer rouge; on réappliqua le maxillaire, mais il fut très-difficile à maintenir en place, car la dent luxée était tombée pendant l'opération; le lambeau fut recollé à l'aide d'aiguilles à sutures. On plaça, entre les dents molaires de chaque côté, deux bouchons taillés en gouttières pour servir de point d'appui au maxillaire. On fit un pansement simple et une fronde maintint les deux mâchoires rapprochées.

Quelques jours après, M. Huguier pria M. Morel-Lavallée de venir appliquer sur le bord alvéolaire supérieur un moule en gutta-percha, qui, emboîtant complétement les dents, devait maintenir en place le maxillaire mobile. On réunit par un fil les dents d'un côté à celles du côté opposé, et on plaça une sorte de coin de gutta-percha dans le vide triangulaire qu'avait laissé, en tombant, l'incisive luxée. La partie supérieure et antérieure du maxillaire se nécrosa dans une petite étendue.

Quand on présenta le malade à la Société de chirurgie, il était bien rétabli. La plaie en boutonnière du voile était bien cicatrisée. La mastication, la déglutition et la phonation se faisaient bien. Voici le seul reproche que M. Verneuil faisait alors à ce procédé (*Gazette hebd.*, 31 mai 1861) : « La seule imperfection qu'on puisse constater réside dans une absence de consolidation complète de la pièce osseuse replacée. En effet, le plateau palatin du côté opéré est légèrement mobile, ce qui, du reste, ne paraît avoir aucun inconvénient dans la mastication. Il existe donc une sorte de fausse articulation entre les parties supérieures et inférieures du maxillaire et de l'apophyse ptérygoïde. » Comme l'opération datait déjà de dix mois, la consolidation ne se fera certainement jamais, et on peut, à bon droit, se demander ce qui se passera là.

Outre cette difficulté de maintenir l'os en place, on peut encore faire d'autres reproches à cette opération. Il sera d'abord souvent impossible de passer par la narine le fil qui doit servir à opérer les tractions sur la partie inférieure de l'os. On doit toujours avoir une hémorrhagie assez grave, car, en divisant l'apophyse ptérygoïde, on divise forcément l'artère palatine supérieure.

J'ai pu m'assurer, en répétant cette opération, qu'elle donne fort peu de jour. L'incision de la joue m'a paru être inutile ; l'opération se fait tout aussi bien en la supprimant, et cette incision ne donne pas un passage plus large au polype.

Le défaut de consolidation ne pourrait-il pas s'expliquer ici par le peu de vitalité de l'os, qui n'est plus alimenté que par la muqueuse de la voûte palatine ? M. Bœckel objecte à ce procédé que la partie déplacée est replacée dans la bouche, ce qui gêne la respiration et les mouvements de la déglutition ; que le malade doit avaler du sang et qu'il court des dangers de suffocation.

PROCÉDÉ DE M. DÉZANNEAU.

En 1860, M. Dézanneau proposa à la Société de chirurgie un nouveau procédé sur lequel je n'ai pu trouver que très-peu de renseignements. Voici ce que dit à ce sujet M. Dolbeau (*Gazette des hôpitaux*, 1862, p. 530) qui employa une fois ce procédé pour une autre affection : « L'opération préliminaire a consisté à abaisser la voûte palatine d'un côté, en la laissant adhérente au voile du palais, après l'avoir rendue libre en dedans et en haut (voyez pl. V, fig. 9) ainsi que cela a été indiqué par M. le Dʳ Dézanneau. A ce sujet nous dirons que cette opération nous a donné fort peu de jour, et que nous eussions été fort gêné si la masse à extirper avait été plus considérable, et surtout si l'on avait eu affaire à un polype implanté à la base du crâne. »

DEUXIÈME PROCÉDÉ DE M. LANGENBECK.

Presque au même moment où M. Huguier publiait son observation, M. Langenbeck inventait aussi un procédé de résection temporaire (*D. Klinik*, 1861, n. 29). Voici la description que je trouve dans les additions à la traduction d'Heyfelder par Bœckel, p. 296. Il s'agit d'un garçon de 15 ans. L'opération fut faite le premier juillet 1861. Le malade était chloroformé.

Une première incision part de la base de l'aile du nez et se dirige horizontalement en dehors jusqu'au milieu de l'arcade zygomatique. Là elle est rejointe à angle obtus par une seconde incision qui part du sac lacrymal et longe le rebord orbitaire inférieur (voyez pl. V, fig. 10.) Ce lambeau cutané n'est pas disséqué de l'os; mais l'opérateur sépare le masséter de l'apophyse zygomatique, passe entre la tumeur et la tubérosité maxillaire dans la fosse ptérygo-palatine, traverse le trou nasal avec un corps mousse et pénètre dans le pharynx. La tumeur en dilatant les os a frayé la voie. Une petite scie à guichet est introduite par là, et coupe horizontalement le maxillaire supérieur d'arrière en avant dans la direction de l'incision cutanée inférieure. L'index de la main gauche, introduit dans le pha-

rynx, surveille la pointe de la scie. Puis on coupe successivement
l'arcade zygomatique, l'apophyse frontale de l'os malaire et le plancher de l'orbite.

Les seules parties qui ne sont pas divisées, sont l'apophyse montante et l'os unguis, ainsi que la peau qui les recouvre et qui
alimente la portion de maxillaire. La voûte palatine et l'arcade
dentaire restent intactes. La portion reséquée est soulevée avec une
spatule et se meut comme un couvercle de tabatière, dans la char-
nière formée par l'apophyse montante. La fosse ptérygo-maxillaire
et le pharynx sont très-accessibles et l'on extirpe le polype. Le
maxillaire est alors replacé, mais il a de la tendence à se relever
vers le nez ; il faut le maintenir par un bandage compressif. Des
points de suture unissent les parties molles et en quinze jours la
guérison est à peu près complète.

Comme le fait remarquer M. Bœckel, pour que ce procédé soit
applicable il faut que le trou sphéno-palatin soit dilaté par la tumeur,
sinon on ne peut y introduire les instruments qu'en brisant les os.
De plus la scie agit au hasard dans le fond de l'orbite. Enfin il
reste des cicatrices très-apparentes. Sans compter les reproches
communs à toutes les opérations ostéoplastiques, ce procédé a encore le désavantage des résections partielles du maxillaire ; la voie
qu'il ouvre est étroite et très-souvent sera insuffisante pour extraire
le polype.

PROCÉDÉ DE M. JULES ROUX, DE TOULON.

Vers la même époque, M. Jules Roux publia un nouveau procédé
ostéoplastique (*Gazette des hôpitaux*, 30 juillet 1861) qu'il avait
voulu appliquer sur un malade de son service, qui s'y refusa. Je ne
sache pas que l'opération ait jamais été pratiquée sur le vivant.

«Le procédé par écartement des os maxillaires comprend cinq temps, dont les
trois premiers au moins peuvent s'accomplir dans le sommeil chloroformique (voir
pl. V, fig. 11 et 12).

«1ᵉʳ temps. *Division de l'attache fronto-jugale.* Incision transversale de 1 centimètre, intéressant les parties molles qui recouvrent l'apophyse orbitaire ex-

terne; section de l'articulation fronto-jugale à l'aide du ciseau froid et du marteau ou de la scie à chaîne.

«2ᵉ temps. *Division de l'attache temporo-jugale.* Incision verticale de 1 centimètre sur l'apophyse zygomatique ; section de l'articulation temporo-jugale avec la scie à chaîne ou le ciseau.

«3ᵉ temps. *Division de l'attache orbito-nasale inférieure.* Incision sinueuse des parties molles commençant à l'angle interne et inférieur de l'orbite au-dessous du sac lacrymal, contournant l'aile du nez, la narine correspondante, et s'arrêtant au-dessous de la cloison, sur la ligne médiane, où la lèvre supérieure est ensuite fendue en totalité. Après cette incision, qui a détaché le côté correspondant du nez, section de la base de l'apophyse montante et de la cloison interne de l'orbite au niveau de l'angle inférieur de cette cavité, à l'aide de la scie à chaîne et du ciseau, ou de ce dernier instrument seulement.

«4ᵉ temps. *Division de l'attache ptérygo-maxillaire.* Section de l'articulation ptérygo-maxillaire (parties molles et dures) à l'aide d'un ciseau long de 20 centimètres, large de 25 millimètres à son tranchant directement appliqué de champ derrière la dernière dent supérieure, dans l'angle rentrant formé par la rencontre du sphénoïde, du maxillaire supérieur et de l'os palatin.

«5ᵉ temps. *Division de l'attache intermaxillaire.* Incision transversale détachant à son insertion palatine la moitié du voile du palais correspondant à l'os maxillaire qu'on veut écarter; avulsion de la première dent incisive supérieure du même os, section de la voûte palatine sur le côté du raphé médian à l'aide de la scie à chaîne, introduite ici, comme partout ailleurs, avec l'aiguille de M. le Dʳ Roux (de Brignolles).

«Les attaches osseuses, ainsi divisées, on introduit dans le trait de scie intermaxillaire les mors fermés d'une pince plate et forte; on l'ouvre avec lenteur et l'on écarte avec facilité les deux maxillaires. Le maxillaire détaché, mais toujours adhérent aux parties molles qui le recouvrent, est porté obliquement en haut et en dehors vers la fosse temporale, de manière à n'exercer sur l'œil aucunecompression fâcheuse. On porte ainsi jusqu'à 10 centimètres environ l'intervalle qui sépare les dents incisives des deux maxillaires supérieurs. Cet écartement est la base d'un cône dont le sommet tronqué est mesuré par l'espace compris entre l'apophyse ptérygoïde et le vomer. Enfin, si ce dernier espace, par lequel les instruments vont manœuvrer dans le pharynx, pouvait paraître trop étroit, on pourrait l'agrandir en enlevant avec des cisailles le vomer et en coupant l'apophyse ptérygoïde à sa base.

«Après l'enlèvement du polype, par l'un des procédés connus, l'arrachement à l'aide des écraseurs, la rugination des surfaces d'implantation du parasite, leur cautérisation, etc., il est facile de rapprocher et de maintenir en place les tissus écartés à l'aide de la suture des parties dures et des parties molles.

« Dans le cas où, pour empêcher la récidive, malheureusement trop fréquente, des polypes naso-pharyngiens, on jugerait nécessaire de répéter les cautérisations sur le lieu de l'implantation, il serait facile, avant le rapprochement, de pratiquer une ouverture permanente sur l'apophyse palatine de l'os écarté, d'après les idées de MM. Nélaton et Richard. »

En répétant sur le cadavre le procédé de M. Roux, je n'ai jamais pu obtenir un écartement aussi considérable que celui qu'il indique. L'opération est du reste très-difficile à pratiquer. Elle doit l'être encore bien plus quand le polype a pénétré dans le sinus maxillaire, car la tumeur retient alors l'os, et doit empêcher l'écartement. Ce procédé sera insuffisant s'il y a des embranchements multiples ; il ne permettra pas d'enlever les prolongement géniens, s'il y en a. Si le polype n'est pas très-volumineux il est inutile de faire d'aussi grands délabrements.

Je viens de décrire toutes les opérations préliminaires qui ont été proposées depuis un certain nombre d'années, pour mettre à découvert les polypes naso-pharyngiens. Avant de les apprécier en les comparant entre eux, je vais dire quelques mots des moyens dirigés contre la tumeur elle-même, pour opérer son extraction et empêcher sa récidive.

Le chirurgien a le choix entre un certain nombre des procédés simples autrefois employés seuls, dont j'ai parlé plus haut.

Ceux qui sont usités maintenant sont : l'*excision*, l'*arrachement*, l'*écrasement linéaire* et la *cautérisation*.

L'*excision* peut se faire comme l'a pratiquée autrefois M. Nélaton, avec une spatule tranchante, ou avec le bistouri et les ciseaux courbes. On lui reproche, en général, d'exposer à des hémorrhagies qui sont ordinairement graves. C'est cependant un moyen dont on s'est servi quand la tumeur avait contracté de nombreuses adhérences.

L'*arrachement* ne donne pas d'aussi grandes craintes d'hémorrhagies que l'excision. M. Forget a insisté sur un danger qu'il reproche à cette opération (Soc. de chir., 9 juillet 1857). C'est que la fusion du tissu fibreux avec les plans osseux auxquels il adhère est telle que les tractions exercées sur lui peuvent déterminer la fracture des os, d'autant plus facilement que le tissu de ces derniers est le plus souvent usé, aminci et en partie détruit. Ce n'est pas un danger sérieux; il n'y aurait pas grand inconvénient à ce qu'on enlève de petites portions d'os. Mais l'opération est douloureuse et très-fatigante pour le malade.

L'écrasement linéaire. C'est un bon moyen quand on peut l'appliquer, car il n'expose pas aux hémorrhagies ; mais les adhérences du polype ne le permettent pas souvent. On peut quelquefois, dans ce dernier cas, enlever les uns après les autres les différents prolongements de la tumeur.

Cautérisation. Quelques chirurgiens veulent se contenter des opérations précédentes pour enlever les polypes; ils pratiquent ainsi une ablation aussi complète que possible, suivie de *rugination.* M. Malgaigne conseille d'*évider l'os* sur lequel le polype est implanté, avec la gouge et le maillet, suivant la méthode de M. Sédillot. Mais il ne faut pas oublier que les polypes ont une très-grande tendance à la repullulation. M. J. Cloquet compte 45 récidives sur 50 opérés, quand on n'a employé que la rugination. Cette repullulation arrive plus ou moins vite ; on l'a vue quelquefois se montrer au bout de deux ou trois mois, et d'autres fois n'arriver qu'après plusieurs années. On peut dire qu'en général la récidive est la règle quand on n'a pas pratiqué de cautérisations, et que, quand elle arrive, le malade court autant de danger qu'avant l'opération. On me communique deux cas dans lesquels la maladie resta stationnaire après avoir récidivé, c'est chez un des malades de M. Robert, et chez un autre de M. Michaux; dans tous les autres il fallut pratiquer une nouvelle opération. On peut pratiquer la cautérisation de différentes manières :

Cautère actuel. Immédiatement après l'opération, et même quelquefois quand il survient une récidive, il est dangereux à employer au fond de la bouche, à cause du rayonnement sur les parties voisines qu'il est difficile de protéger.

Cautère électrique. M. Middeldorpff (de Breslau) employa le premier, en 1853, une anse coupante qui fut passée derrière le pédicule du polype, et dont les bouts furent fixés au conducteur de l'appareil électrique. Une partie du pédicule étant restée, il remplaça l'anse coupante par un galvano-cautère en forme de pelle.

Ce procédé de cautérisation actuelle n'a pas les inconvénients du fer rouge, la chaleur rayonnante n'est plus à craindre, mais on lui reproche de s'éteindre vite ; il présente cet avantage que l'on peut se servir de boutons faits avec des fils de platine, auxquels on peut donner, au moment même où l'on en a besoin, des formes très-variées. M. Nélaton s'est servi plusieurs fois de ce moyen.

Beurre d'antimoine. Caustique énergique, mais dont il est difficile de limiter l'action.

Acide chlorhydrique et acide azotique mono-hydraté. Le premier doit être complétement banni de la pratique, car il n'a pas une assez grande puissance. On ne doit pas être étonné que M. Legouest n'ait pu enrayer les progrès du polype chez son malade, car il ne s'est servi que de ce caustique. — L'emploi de ces deux acides demande certaines précautions : il faut empêcher les vapeurs de se répandre dans la bouche, localiser l'action du caustique. Voici le moyen qu'a donné M. Nélaton pour remplir ce double but : on a des tubes de verre, les uns droits, les autres un peu courbes à l'une de leurs extrémités, dont la coupe est plus ou moins inclinée, de manière que toute l'aire de section s'applique exactement sur la tumeur ; ces tubes ont une longueur d'environ 15 centimètres. On en introduit un dans la bouche ; on le place sur le point à cautériser, et l'on conduit l'acide, à l'aide d'un pinceau, jusque sur le polype. Toute la portion comprise dans l'aire du tube, et cette portion seule, est cautérisée. La vaporisation se produit, mais le tube lui sert de cheminée pour la conduire hors de la bouche. Le pinceau ne doit pas remplir complétement le tube, sans quoi les vapeurs seraient refoulées du côté du pharynx.

Malgré toutes ces précautions, il arrive quelquefois que le malade est tellement gêné par les vapeurs acides, que l'on est obligé d'abandonner ces cautérisations. Cette opération, qui a donné de bons résultats, n'est nullement douloureuse et débarrasse bien le malade de l'odeur de gangrène.

Pâte au chlorure de zinc. Ce caustique, employé par un très-grand nombre de chirurgiens, est de beaucoup préférable aux précédents; son action est très-énergique. C'est lui qui a donné le plus grand nombre de succès, et son emploi est très-facile, car on peut lui donner une assez grande dureté pour en faire, à l'exemple de M. Nélaton, de petits trochisques que l'on introduit dans le pédicule de la tumeur, et l'on peut également le placer par petites plaques sur les points à cautériser (1).

---

(1) M. Desgranges, de Lyon (1852), employa un procédé qui n'est pas autre chose qu'une variété de celui dont je viens de parler; c'est une cautérisation faite avec appareils fort gênants pour maintenir le caustique en place (thèse Brevet, 12 juin 1855). Cet appareil fut mis en usage trois fois après avoir pratiqué l'opération de M. Nélaton par MM. Desgranges et Barrier qui ont, disent-ils, obtenu de bons résultats; par M. Richard, qui le trouve très-infidèle et douloureux pour le malade.

M. Desgranges voulut ensuite supprimer toute opération préalable pour se frayer une route, il se contenta d'arracher et d'exciser le polype, puis d'appliquer le caustique avec son appareil. J'ai trouvé quatre observations de malades traités par ce moyen. Un cas, rapporté par M. Philippeau (*Traité prat. de la caut.*, p. 354). Il y a là fort peu de détails, il n'est même pas bien sûr qu'il s'agisse d'un polype fibreux. On ne sait pas ce qu'est devenu le malade.

Un cas de M. Bussi (*Gaz. méd. de Paris*, 20 décembre 1856). C'est un succès constaté après plusieurs années.

Deux cas de M. Delore (*Bull. de thérap.*, novembre 1863). L'un, le 25 janvier 1860, il n'y avait pas de récidive après deux ans; l'autre, le 4 novembre 1861. Ce malade n'a pas été revu après sa sortie de l'hôpital.

Je ne décrirai pas l'appareil compliqué de M. Desgranges, cela m'entraînerait

Le procédé le plus simple pour l'appliquer est le moyen que j'ai vu employer plusieurs fois par M. Nélaton. Pour empêcher le caustique de tomber dans le pharynx, il se contente d'une sorte de tamponnement des arrière-narines fait avec des bourdonnets de charpie.

Caustique Filhos. Caustique énergique, mais dont il est difficile de limiter l'action.

Gaz d'éclairage. M. Nélaton a employé, l'année dernière, sur deux malades, un nouveau mode de cautérisation qui lui a donné deux succès : c'est la cautérisation du pédicule de la tumeur au moyen d'un jet de gaz d'éclairage enflammé. L'appareil consiste en une vessie de caoutchouc pleine de gaz, communiquant par un tube également en caoutchouc, ou une petite tuyère dont l'extrémité peut être plus ou moins fine suivant la grosseur que l'on veut donner à la flamme (voyez pl. V, fig. 13). On obtient le jet de gaz en pressant sur la vessie et on l'enflamme. Un robinet placé sur le tuyau permet de ménager convenablement l'arrivée du gaz pour obtenir à volonté une combustion plus ou moins vive, suivant le besoin. M. Nélaton avait d'abord eu la pensée d'activer cette combustion à l'aide d'un courant d'air que l'on faisait passer au milieu du gaz, mais il a reconnu que cette modification était inutile. On obtient en effet avec le seul jet de gaz enflammé une combustion très-active, et les parties touchées par la flamme sont charbonnées en quelques instants. Un avantage de ce procédé, c'est que la chaleur, très-vive au point où elle est appliquée, rayonne peu ; ainsi l'on peut tenir le doigt à 2 centimètres, et même 1 centimètre et demi de la flamme, sans en ressentir les effets. Mais les inspirations et les expirations éteignent facilement la flamme.

---

trop loin. Il ne présenterait du reste d'avantage que s'il n'était pas nécessaire de pratiquer avant de l'appliquer la ligature ou l'arrachement, et on sait à quoi s'en tenir sur la facilité avec laquelle ces méthodes permettent d'enlever les polypes. Ce procédé est insuffisant si l'on ne se fraie pas une large voie pour arriver à la tumeur et inutile lorsque cette voie est ouverte.

L'application de la cautérisation serait peut-être facilitée dans certains cas par l'éclairage artificiel de la voûte du pharynx. M. Richard s'en est servi chez Rondenay pour appliquer le caustique sur le petit reste du pédicule qui végétait encore.

Certains chirurgiens croient éviter les récidives en se contentant d'une seule cautérisation faite au moment même de l'opération. Cela ne suffit pas ordinairement, car, à ce moment, on est gêné par le sang qui masque en partie le point d'implantation, l'on n'est jamais sûr d'avoir tout enlevé; c'est pour cela qu'il faut toujours se garder un passage pour des cautérisations ultérieures. M. Nélaton préfère même ne pas faire de cautérisations immédiatement après l'opération, il laisse ainsi reposer les malades, et est certain alors que le sang n'entraînera pas les caustiques sur les parties voisines de celles qu'il veut attaquer.

Un avantage encore de ces cautérisations ultérieures c'est qu'après l'ablation d'un polype par l'écraseur, il reste presque toujours une portion trop considérable du pédicule pour qu'une seule cautérisation puisse la détruire; il faudrait donc l'exciser avant d'appliquer le caustique, et l'on aurait un écoulement de sang, que l'on a précisément voulu éviter en se servant de l'écraseur. Les cautérisations répétées, au contraire, n'exposent plus à aucun nouveau danger.

Électrochimie. Depuis longtemps les efforts de M. Nélaton ont toujours tendu à réduire, autant que possible, l'opération sanglante; au lieu d'employer le procédé de MM. Syme et Flaubert, il a proposé d'abord la résection partielle de la partie postérieure de la voûte palatine, avec division du voile du palais. On a vu plus haut que cette méthode comporte un assez grand nombre de succès. Après avoir pratiqué l'opération préliminaire, M. Nélaton enlevait autrefois une grande partie du polype par arrachement ou excision; il s'est aussi servi de l'écraseur linéaire; mais ces moyens ne l'ont jamais satisfait : les opérations de ce genre sont un drame sanglant, cruel pour le malade, et répugnant pour l'opérateur. M. Nélaton, poursuivant son but, a cherché un moyen qui lui permît de simplifier encore sa méthode; ce moyen, il l'a trouvé dans l'électricité , mais il ne cherche pas à produire avec elle une cautérisation actuelle, c'est son action chimique qui est seule employée dans cette nouvelle méthode, qui a été le sujet d'une lecture de son auteur le 18 juillet courant. Je tiens en outre, de la bienveillance de M. Nélaton, quelques renseignements sur sa manière d'opérer.

Deux aiguilles de platine, convenablement isolées par un enduit de gutta-percha, sont enfoncées dans la masse polypeuse et laissées pendant quelques minutes ; l'action du courant est rapidement désorganisatrice ; mais, ce qui prouve bien qu'il n'agit que chimiquement, c'est que la gutta-percha, qui arrive presque à l'extrémité des aiguilles, n'est qu'à peine ramollie. Dans les premiers jours, M. Nélaton avait cru nécessaire de laisser agir le courant pendant dix minutes, mais il a reconnu depuis que ce temps était trop long et que deux minutes suffisaient. On peut à chaque séance faire de deux à quatre piqûres, soit dans la base, soit dans les prolongements de la tumeur. Ces séances peuvent se répéter tous les huit jours. Cette opération est peu douloureuse pour le malade, et, ce qui est fort important, n'est accompagnée d'aucun écoulement de sang.

Des appareils isolants, de formes diverses, permettent de faire agir le courant en introduisant à volonté des aiguilles d'avant en arrière, ou d'arrière en avant. Quand la tumeur est réduite à un volume assez petit pour que l'on puisse passer ceux qui agissent dans ce dernier sens derrière le pédicule, on a l'avantage de ne pas craindre d'aller trop profondément et de dépasser les limites du mal. M. Nélaton ne se contente pas de faire passer dans la tumeur un courant désorganisateur à l'aide de ses aiguilles de platine, il a encore imaginé plusieurs instruments qui permettent d'agir sur de plus grandes surfaces. De petites plaques métalliques, bien isolées de tous les côtés, excepté par celui où elles doivent agir, s'appliquent de différentes manières sur le polype ; les unes peuvent servir à entourer le pédicule, les autres trouvent leur emploi lorsqu'il ne reste plus que de petites portions de la tumeur ; dans ce dernier cas, avec les aiguilles, on irait au delà des parties malades, et l'on pourrait occasionner des désordres graves dans les parties voisines. Les petites plaques, présentant des courbures diverses, peuvent s'appliquer sur ces points et n'agir que sur eux.

Cette méthode a déjà donné à M. Nélaton un succès complet (voir tableau n° 26; Roger) sur un malade porteur d'un polype assez volumineux, saignant avec la plus grande facilité, et qui n'avait pu être arrêté dans sa marche par les cautérisations faites avec le gaz d'éclairage et l'acide chlorhydrique. Six séances ont suffi pour débarrasser le malade de cette tumeur.

Un autre malade est actuellement en traitement dans le service de M. Nélaton; il n'a subi que trois séances dans lesquelles on a fait la première fois quatre piqûres et les autres deux; une grande portion du lobe nasal est détruite et le prolongement pharyngien est presque complétement isolé.

M. Nélaton, qui a déjà employé une fois avec succès le procédé de Manne, espère qu'avec ce nouveau moyen il lui sera permis de se contenter de cette simple division du voile du palais; il sera possible, avec ses différents appareils, d'atteindre le polype à la fois par la narine et par la division du voile du palais.

Un autre grand avantage de ce nouveau mode de cautérisation, c'est que jusqu'ici la staphyloraphie n'a guère pu être employée après les ablations de polype, soit par la méthode de Manne, soit par celle de M. Nélaton; ce dernier chirurgien ne l'a pratiquée que sur le premier de ses malades; le voile est un peu bridé; les mouvements ne sont pas complétement libres. Avec les anciens moyens de cautérisation, il est impossible en effet de ne pas toucher les bords de la division du voile; ces bords éprouvent ainsi une perte de substance qui suffit pour rendre bien moins grandes les chances de succès de l'opération. L'électro-chimie permettra de laisser intacts les bords de la solution de continuité, le voile du palais n'ayant plus éprouvé de perte de substance, on aura de grandes chances de succès en pratiquant la staphyloraphie.

L'emploi des cautérisations demande des précautions; il faut, comme je l'ai déjà dit, protéger les parties voisines de l'action des caustiques. De plus, les portions de polype touchées se gangrènent, il faut avoir soin d'entretenir la bouche dans un très-grand état de

propreté, sans quoi l'on s'exposerait à voir le malade avaler les
liquides sanieux sortant de la tumeur, liquides qui pourraient alors
déterminer une infection putride et la mort. C'est pour éviter ce
danger que M. Nélaton, après l'emploi des cautérisations ou de
l'électrochimie, injecte dans la bouche du patient de l'eau fortement
alcoolisée qu'il cherche même à faire pénétrer dans la masse polypeuse; il recommande de plus au malade de se gargariser très-fréquemment avec le même liquide.

APPRÉCIATION DES DIFFÉRENTES MÉTHODES.

Je ne m'arrêterai pas à critiquer chacune de ces opérations en
particulier, car on peut faire à beaucoup les mêmes reproches.

Il en est un que je ferai d'abord à tous ceux qui attaquent les polypes par la voie nasale : c'est qu'au lieu de faire agir les moyens
d'extraction sur la base du polype, ils viennent l'attaquer de face
par sa partie antérieure. Il faut se rappeler que ces tumeurs sont
pharyngiennes avant de pénétrer dans les fosses nasales et leurs dé-
pendances; c'est donc par le pharynx qu'il faut agir. Ce défaut est
surtout bien marqué dans les procédés de MM. Chassaignac, Desprez, Langenbeck, Bœckel, etc. Je crois aussi que l'on doit rejeter
toutes les résections partielles du maxillaire supérieur, d'abord,
parce qu'on ne peut faire qu'une seule cautérisation au moment
même de l'opération, et j'ai déjà montré les inconvénients de cette
manière d'agir; ensuite quand on pratique ces opérations, on ne
peut jamais savoir tout à fait quelle est l'étendue du polype. La voie
qu'on s'est ouverte est souvent insuffisante, et il faudra en revenir
après à une opération plus compliquée, à laquelle plusieurs malades
se sont soustraits. Dans sa première opération, M. Michaux, de Louvain, ne put par une résection partielle enlever toute la tumeur, et
le malade se sauva de l'hôpital. M. Giraldès ne put aussi faire qu'une
opération incomplète (Société chirurgicale, 3 avril 1850), et son malade mourut. Il arriva aussi à M. Vallet, dans sa deuxième opéra-

tion, de ne pouvoir l'achever sans enlever après coup une partie de l'arcade dentaire.

Parmi les procédés ostéoplastiques, il en est qui peuvent être bons pour enlever les polypes ; mais ils méritent tous les mêmes reproches que les ablations partielles du maxillaire. C'est qu'il est impossible de faire des cautérisations après que les os ont été remis en place.

Quant au procédé de M. Palasciano, j'ai déjà montré qu'il est inapplicable.

Il ne me reste donc plus maintenant à examiner que deux méthodes : l'ablation totale du maxillaire supérieur et la résection de la partie postérieure de la voûte palatine. Ces deux méthodes sont les seules qui permettent de suivre la maladie et d'appliquer immédiatement la cautérisation si la récidive arrive. Je vais mettre en parallèle les avantages et les défauts des deux opérations.

Méthode de M. Nélaton.	*Ablation du maxillaire.*
Pas de difformité apparente.	Déformation de la face, cicatrices apparentes.
Pas de dérangement dans la mastication.	Le malade est privé de la moitié de l'arcade dentaire supérieure, ce qui est loin d'être sans inconvénient pour la mastication.
La prothèse permet de fermer la division du voile et de la voûte palatine.	La prothèse ferme plus facilement encore la communication de la bouche avec les fosses nasales.
L'opération ne présente pas de grandes difficultés et ne demande que des instruments d'un maniement facile.	Opération très-laborieuse exigeant l'emploi de la gouge et du maillet qui ébranlent les os, ou de la scie à chaîne dont le passage est souvent difficile.
Le bistouri n'intéresse pas des parties à beaucoup près aussi importantes que dans l'ablation du maxillaire supérieur. Une division du voile du palais, un décollement partiel de la muqueuse palatine, une petite section faite à la voûte osseuse, la division de la muqueuse du plancher des fosses nasales, ne for-	On enlève une grande partie de la charpente osseuse de la face. Il faut faire à la peau une assez large incision, disséquer un lambeau cutané et musculaire ayant des dimensions assez grandes pour arriver à découvrir l'apophyse montante du maxillaire, l'os malaire, la tubérosité maxillaire. Il faut quel-

ment pas une opération bien grave. Aucun organe important n'est attaqué; les parties divisées n'ont que fort peu d'épaisseur ; aussi les surfaces traumatiques n'ont que très-peu d'étendue. On ne coupe aucun filet nerveux.

L'hémorrhagie est peu à craindre, car on ne divise que des vaisseaux d'un très-petit calibre.

Les instruments agissent par un trajet direct pour enlever la tumeur que l'on va chercher à son point d'insertion.

La voie ouverte a presque toute la largeur de la voûte palatine.

L'échancrure qui reste à la voûte palatine ne se referme pas complétement, ce qui permet toujours de surveiller la récidive.

quefois aller atteindre avec les instruments tranchants l'apophyse ptérygoïde, il faut sectionner l'os au moins en trois endroits où l'épaisseur est très-considérable; on a des surfaces traumatiques énormes; on est obligé de pénétrer dans la cavité orbitaire; le nerf sous-orbitaire est coupé et souvent même tiraillé, on en enlève avec le plancher de l'orbite une portion assez considérable pour que l'innervation ne puisse pas s'y rétablir.

L'hémorrhagie est toujours assez considérable; on sectionne une partie des artères de la face et la palatine postérieure. Si la maxillaire interne est divisée, il est très-difficile d'aller la lier au fond de la plaie.

Les instruments agissent par un trajet oblique. On attaque le polype par sa partie antérieure puisque l'on respecte ordinairement le voile du palais.

Si l'on n'enlève pas l'apophyse ptérygoïde, l'ouverture est moitié moins grande que par l'opération de M. Nélaton. Cette apophyse gêne les manœuvres dans la plaie. Si on l'enlève, on augmente les délabrements que laisse déjà l'opération.

Au bout d'un temps assez court l'ouverture est tellement diminuée qu'il devient difficile de rien voir; si la récidive arrive, il sera bien souvent impossible de faire passer par là les caustiques.

La statistique nous montre autant de cas de guérison d'un côté que de l'autre.

On voit que ce parallèle entre les deux opérations est tout en faveur de la méthode de M. Nélaton; il faut ajouter cependant qu'il

est des cas où l'on ne peut appliquer la résection de la voûte palatine, et son auteur lui-même emploie alors l'ablation du maxillaire
supérieur (voy. obs. 4, p. 36). Ces cas sont du reste peu nombreux;
il faut que le polype ait atteint un développement énorme, qu'il en-
voie des prolongements dans l'orbite ou dans la région génienne,
et pour ces derniers il faut même qu'ils aient un volume assez considérable, sans quoi l'on pourra soit les abandonner à eux-mêmes,
soit les extraire par le pharynx. Aussi je m'associe complétement à
l'opinion de M. Robert qui fut si longtemps un adversaire de l'opération de M. Nélaton, et qui dans sa *Clinique chirurgicale* (p. 274)
dit, en parlant de l'ablation du maxillaire supérieur : « Il n'en est pas
moins vrai que cette opération est très-douloureuse, qu'elle enlève
une partie de la face, aussi n'y faut-il recourir que quand elle est indispensable. »

M. Nélaton a depuis longtemps prévenu les chirurgiens que, dans
les ablations de polypes, il n'est pas toujours nécessaire d'enlever
tous les prolongements de la tumeur, quand ils n'offrent pas un
volume trop considérable, parce que souvent les ramifications s'a-
trophient et finissent par disparaître quand elles sont séparées du
pédicule qui les nourrissait. Un des opérés de M. Nélaton nous en
offre un exemple, c'est Rondenay chez lequel il était resté après
l'opération un prolongement génien que l'on avait abandonné à
lui-même. M. Nélaton a revu ce jeune homme il y a environ trois
mois; toute trace de cette tumeur a disparu.

Je ne crois pouvoir mieux faire, pour résumer ce travail sur les
polypes naso-pharyngiens, que de citer les conclusions d'un mémoire
sur ce sujet, publié en 1859 (*Gaz. hebd.*, p. 612), par M. Verneuil.
Il a changé d'opinion depuis, sans que j'aie pu bien comprendre
pourquoi il condamne aujourd'hui une opération qui compte de
nouveaux sucès, et qu'il approuvait alors, disant qu'il croyait être
l'interprète des chirurgiens désintéressés, en admettant que dans la
majorité des cas elle méritait une juste préférence.

« 1° Les polypes naso-pharyngiens forment une espèce morbide distincte, ayant
une origine, une marche, un pronostic propres.

«2° L'implantation se fait à la base du crâne, au niveau de la face inférieure de l'apophyse basilaire et du corps du sphénoïde.

«3° L'extirpation complète en est toujours mal aisée et incertaine par les voies naturelles. Elle est quelquefois facilitée par les dégâts mêmes que les tumeurs ont occasionnés par leur progrès, ou bien encore dans le cas inverse, quand le volume du polype est minime.

«4° On rend l'extirpation plus simple, plus sûre, plus prompte, moins périlleuse par des opérations préliminaires diverses.

«5° Cette extirpation extemporanée peut être exécutée par divers agents et divers moyens mécaniques : mais elle risque fort d'être insuffisante si, après l'avoir pratiquée, on abandonne les choses à elles-mêmes.

«6° L'insuffisance de l'opération principale est due à l'extrême tendance à la récidive, lorsqu'une portion du pédicule a été involontairement ménagée. Cette notion, méconnue jusqu'aux temps les plus modernes, est aujourd'hui acceptée par tout le monde (1).

«7° De là la nécessité absolue de continuer l'intervention chirurgicale pendant un temps plus ou moins long jusqu'à ce que l'on soit certain d'avoir détruit le pédicule en totalité. C'est la condition indispensable de la cure radicale.

«8" Les opérations préliminaires permettent seules d'atteindre l'insertion, il est naturel d'en conclure que la voie artificielle qu'elles ont tracée doit être conservée béante tout le temps nécessaire pour détruire les racines des polypes qui se trouvent précisément à cette même insertion.

«9° On ne devra donc pas se hâter de pratiquer l'opération réparatrice complémentaire destinée à faire disparaître les traces de l'opération préliminaire; car la difformité que cette dernière entraîne est d'une importance relativement minime dans le cas actuel, et mieux vaudrait conserver une perforation de la voûte palatine ou une fente du voile du palais que de restaurer les parties en présence d'une récidive imminente.

«10° On n'est autorisé à réunir en une seule séance toutes les phases opératoires de la cure que si on est sûr d'avoir détruit tout le mal par un procédé convenable ; et c'est précisément ce procédé susdit qui manque dans l'état actuel de la science, la rugination, la cautérisation immédiate du pédicule étant beaucoup moins sûres qu'on ne pourrait le croire. »

J'ajouterai à ce que je viens de citer, que cette méthode, qui est ordinairement la meilleure, n'est pas toujours applicable, ainsi que je l'ai déjà dit, et que certains cas bien définis ne laissent pas le

---

(1) M. Verneuil ajoute plus loin que cette notion est due aux recherches de M. Nélaton.

choix de l'opération. Il faut alors, malgré tous ses inconvénients, employer l'ablation du maxillaire supérieur.

Quand la voie pratiquée pour arriver au polype est ouverte, il est préférable de ne pas tenter l'arrachement ni l'excision, de laisser reposer le malade et d'attaquer au bout de quelques jours la tumeur soit avec le chlorure de zinc, la galvano-caustique ou le gaz d'éclairage, soit, ce qui est encore bien préférable, par l'électricité à l'aide du nouveau moyen indiqué par M. Nélaton.

Pendant que ce travail était à l'impression, M. Nélaton m'a indiqué un malade dont l'observation présente un assez grand intérêt, car c'est un cas rare. Ordinairement les polypes naso-pharyngiens qui envoient des prolongements géniens ont acquis un assez grand développement du côté du pharynx et des fosses nasales; l'observation que je vais rapporter ici montre au contraire un prolongement génien énorme avec une tumeur pharyngienne d'un assez petit volume.

OBSERVATION IX.

Le 14 juillet 1864, est entré à l'hôpital de la Charité, salle Saint-Jean, n° 2, service de M. Denonvilliers, le nommé Tissier (Maurice), âgé de 14 ans, demeurant boulevard Pereire. Ce garçon s'est aperçu, il y a deux ans, qu'il ne respirait plus que difficilement par le nez; on lui disait qu'il ronflait en dormant, la bouche restant ouverte. Vers le mois de novembre 1862, il fut pris d'une épistaxis peu abondante; un an après, il eut second saignement de nez assez considérable pour nécessiter l'emploi du tamponnement. Il y a un an, la joue droite commença à grossir; à cette époque, il y eut un peu de gêne de la mastication, qui cessa bientôt quand la tumeur eut acquis un certain volume.

Depuis un mois à peu près, il y a de la surdité de l'oreille droite.

Pas de trouble de la vue.

État actuel. Déformation considérable de la joue droite, qui a plus que doublé de volume. On sent, à travers les téguments de la joue et sous la muqueuse buccale, une tumeur globuleuse, un peu bosselée, ayant au moins le volume d'un œuf, qui fait saillie entre les deux mâchoires quand la bouche est ouverte. Cette tumeur arrive en avant à 1 centimètre de l'aile du nez, à 2 de la commissure labiale droite; elle remonte jusqu'à 1 centimètre du rebord orbitaire inférieur et jusqu'à l'arcade zygomatique; elle descend jusqu'au milieu de la hauteur du maxillaire inférieur; en arrière, elle est séparée par un intervalle de 2 centimètres de l'angle de la mâchoire inférieure.

Cette tumeur présente une certaine mobilité, excepté à la partie postérieure, au niveau du trou sphéno-palatin, dans lequel elle paraît s'engager par un pédicule étroit.

Cette tumeur n'est douloureuse que quand on exerce des pressions assez fortes sur elle.

L'air ne passe que très-difficilement par la narine droite et un peu mieux par la gauche.

Il n'y a pas de prolongement nasal, car la vue ne permet de rien voir de ce côté. Une sonde de femme passée dans les narines n'est arrêtée qu'au niveau de l'orifice postérieur des fosses nasales. Une sonde en gomme élastique d'un diamètre de 3 millimètres pénètre même facilement jusque dans le pharynx.

Le doigt passé derrière le voile du palais sent une tumeur du volume d'une très-grosse noisette qui paraît avoir une large base d'implantation et qui obstrue presque complétement les orifices postérieurs des fosses nasales.

Le voile du palais est un peu refoulé du côté de la cavité buccale; pas de déformation de la voûte palatine.

Le maxillaire supérieur droit n'est nullement déformé; les dents qui sont implantées dans cet os présentent une disposition très-irrégulière, mais qui existait déjà longtemps avant l'apparition de la tumeur.

M. Nélaton, qui a vu ce malade, pense que, malgré les dimensions de la tumeur génienne, il ne serait pas nécessaire, dans ce cas, d'enlever le maxillaire supérieur; il croit qu'il serait possible de l'attaquer par une incision de la joue permettant de détacher le masséter de son insertion au maxillaire inférieur. La petite tumeur pharyngienne pourrait être attaquée par la division du voile du palais.

La *Gazette des hôpitaux* du 16 juillet donne une observation de M. Ollier, qui pratiqua sur un jeune homme de 16 ans, déjà opéré deux ans avant par M. Delore, une ablation du maxillaire supérieur, en conservant le périoste de la face externe de l'os, le 12 septembre 1863. La guérison demanda sept mois, et en somme quelques petites portions osseuses seulement se sont reproduites. Des cautérisations avec le beurre d'antimoine furent pratiquées jusqu'au 6 décembre. Ce polype, qui ne présentait qu'un très-petit prolongement dans le sinus maxillaire, aurait pu être enlevé par la méthode de M. Nélaton, qui eût produit des dégâts bien moins considérables, et l'on sait que ces régénérations osseuses par le périoste sont toujours bien imparfaites.

Depuis que ma thèse a été imprimée, j'ai trouvé quelques nouveaux renseignements que je consigne ici.

Je disais à propos du procédé ostéoplastique de M. Huguier (voir
p. 67), que je doutais beaucoup que jamais la consolidation du plateau osseux puisse arriver, et je trouve, en effet, dans la *Gazette des
hôpitaux* du 23 juillet, que toute la portion du maxillaire replacé
est mobile, toutes les dents sont cariées, sans doute à cause de la
section inévitable de tous les nerfs dentaires. Le jeune homme ne
peut manger de ce côté ; en somme, l'os replacé ne sert que comme
pourrait le faire un mauvais obturateur. Il faudrait au malade un
appareil prothétique et des dents artificielles à la fois.

J'ai, à la page 73, attribué à M. Middeldorpff, les premiers essais
de cautérisation électrique, mais c'est par erreur ; car, dès l'année
1851, MM. Nélaton et Regnauld avaient employé plusieurs fois,
dans ce but, un appareil de leur invention, ainsi que l'on peut s'en
convaincre en consultant les *Comptes rendus de l'Académie des
sciences* de cette année. Mais il est arrivé, ce qui ne se voit que trop
souvent dans notre pays, on a oublié, peut-être volontairement,
les succès obtenus par des Français, pour prôner les opérations
pratiquées à l'étranger.

Je vais ajouter aussi quelques détails sur la méthode électrolytique de M. Nélaton (voir page 76). Je prends ces renseignements
dans le compte rendu de la séance de l'Académie des sciences
du 18 juillet, fait dans la *Gazette des hôpitaux* du 26 juillet.

«Depuis longtemps les médecins avaient remarqué que, lorsqu'ils
cherchaient à produire la contraction musculaire par un courant
électrique, en plaçant sur un membre deux aiguilles correspondant
à chacun des pôles d'une pile, il se produisait autour des aiguilles

une destruction de tissu très-limitée, et considérée jusqu'ici comme sans importance. N'était-il pas possible d'étendre cette destruction en augmentant la force qui la produit ? Ne pouvait-on point détruire une tumeur par la simple implantation de deux aiguilles dans sa masse ? »

M. Nélaton fit diverses expériences avec l'aide de M. Arnould Thénard.

« Le résultat sommaire de ces expériences peut être formulé ainsi qu'il suit : deux aiguilles de platine, mises en rapport avec les pôles d'un appareil de Bunsen, de neuf éléments, de 16 centimètres de hauteur sur 8 de diamètre, montés en tension, étant implantées dans la chair d'un animal vivant, on observe, après huit ou dix minutes d'action du courant, et autour du trajet des aiguilles, les modifications suivantes : autour de l'aiguille positive, un cylindre induré de 12 à 15 millimètres de diamètre bien circonscrit ; autour de l'aiguille négative, au contraire, le tissu a éprouvé une sorte de ramollissement de même forme. Pendant la durée de l'expérience, l'élévation de la température est pour ainsi dire insensible, et le seul phénomène qui s'observe est l'apparition, autour du point d'implantation des électrodes, d'une mousse blanchâtre formée par des bulles de gaz d'une extrême finesse. Dans la masse du tissu modifié, on n'aperçoit plus ni vaisseaux, ni signes d'organisation. Toute la partie comprise dans la sphère d'action des deux électrodes se trouve complétement modifiée, et cette modification peut se résumer ainsi : coagulation vers le pôle positif, tendance à la liquéfaction vers le pôle négatif.

« Si on laisse vivre l'animal, cette modification offre bientôt le caractère physiologique que l'on pouvait prévoir : on voit se produire autour des points atteints par le courant tous les phénomènes qui accompagnent l'élimination d'une eschare. L'exemple le plus saillant et le plus concluant qu'on puisse fournir est celui de la langue d'un chien soumise à l'action dudit courant par implantation de deux électrodes à 4 centimètres de son extrémité ; il y eut d'abord production d'une eschare qui traversait la langue d'un bord à l'autre ; bientôt la partie de la langue située au delà de cette eschare se flétrit et tomba en gangrène. Il y eut donc dans ce cas deux modes de destruction différents : l'action électrolytique, puis une gangrène par interruption de la circulation. »

J'ai dit plus haut comment se pratiquait l'opération pour la destruction des polypes par ce moyen.

EXPLICATION DES PLANCHES

PLANCHE Ire.

Coupe de la tête suivant le plan médian, destinée à montrer les rapports exacts de l'arrière-cavité des fosses nasales et des parties environnantes.

Cette planche a été dessinée d'après un calque sur verre fait sur nature.

On voit sur cette figure que le prolongement de la partie postérieure de la voûte palatine vient tomber dans l'articulation atloïdo-occipitale.

On voit bien aussi que le bord inférieur du voile du palais correspond à la base de l'apophyse odontoïde de l'atlas, et que l'ouverture du larynx se trouve au niveau de la partie supérieure de la quatrième vertèbre.

Cette tête se trouve placée dans la position où se trouve celle du malade quand on l'examine.

PLANCHE II.

Fig. 1. Montrant comment j'ai vérifié quel est le point exact où vient tomber le prolongement de la partie postérieure de la voûte palatine.

Fig. 2. (faite d'après un dessin de M. Bion, que je dois à l'obligeance de M. le professeur Nélaton, ainsi que les fig. 3, 4, 6 et 7 de cette même planche). — Coupe d'une tumeur que portait un malade de M. Velpeau.

    A. Insertion de la tumeur à l'apophyse basilaire.

    B. Prolongement du polype dans le sinus sphénoïdal.

    C. Voile du palais.

    D. Rocher droit.

    E. Apophyse basilaire.

Fig. 3. Même tumeur ; coupe du pharynx faite de manière à laisser la tumeur dans son entier.

    A. Prolongement nasal de la tumeur.

    B. Coupe de l'apophyse ptérygoïde.

    C. Coupe du rocher droit.

    D. Muscle pérystaphylin externe.

    E. Trompe d'Eustache du côté droit.

    F. Lobe pharyngien de la tumeur.

Fig. 4. Coupe de la même tumeur faite sur la ligne médiane destinée à montrer le poin exact de son insertion.

    A. Muscle petit droit antérieur.

    B. Prolongement de la tumeur dans le sinus sphénoïdal.

    C. Implantation de la tumeur à la partie antérieure de l'apophyse basilaire.

    D. Apophyse basilaire.

Fig. 5. Procédé de Manne.

Fig. 6. Représentant le maxillaire et la tumeur enlevée par M. Nélaton sur un de ses malades, vus du côté externe.

A. Prolongement de la tumeur faisant saillie à la partie antérieure de la narine.

B. Plancher de l'orbite.

C. Pédicule de la tumeur enlevée par arrachement.

D. Grappe composée de cinq lobes formant le prolongement génien.

E. Prolongement pharyngien.

F. Prolongement orbitaire tenant au reste de la tumeur par un pédicule assez grêle qui passait par la fente sphéno-maxillaire ; ce prolongement a été ici un peu abaissé pour laisser voir le plancher de l'orbite.

G. Coupe de l'apophyse malaire du maxillaire supérieur.

Fig. 7. Même pièce vue du côté interne.

A. Prolongement pharyngien de la tumeur.

B. Prolongement sortant par la partie antérieure de la narine.

C. Partie nasale de la tumeur.

PLANCHE III.

Fig. 1. Incision pratiquée par Dupuytren.

Fig. 2.   —   par M. Giraldès.

Fig. 3. Incisions des téguments par Gensoul, pour l'ablation du maxillaire supérieur.

Fig. 4.   —   par M. Syme.   —

Fig. 5.   —   par Régnoli.   —

Fig. 6.   —   par Blandin.   —

Fig. 7.   —   par Dieffembach.   —

Fig. 8.   —   par Liston.   —

Fig. 9.   —   par Lisfranc.   —

Fig. 10.   —   par M. Flaubert fils.   —

Fig. 11.   —   par M. Maisonneuve.   —

Fig. 12.   —   par A. Bérard.   —

Fig. 13.   —   par M. Velpeau.   —

Fig. 14.   —   par Blandin.   —

Fig. 15.   —   par M. Heyfelder.   —

Fig. 16.   —   par M. Syme.   —

Fig. 17.   —   par M. Malgaigne.   —

Fig. 18.   —   par M. Syme.   —

Fig. 19.   —   par M. Heylen.   —

Fig. 20.   —   par M. Michon.   —

Fig. 21.   —   par M. Maisonneuve.   —

Fig. 22.   —   par M. Michaux.   —

Fig. 23.   —   par M. Nélaton.   —

Fig. 24.   —   par M. Maisonneuve.   —

Fig. 25.   —   par MM. Maisonneuve et Bauchet. —

Fig. 26. M. Lengenbeck respectant la lèvre supérieure.

Fig. 27.   —   —   —

Fɪɢ. 28. Section des parties osseuses.

Fɪɢ. 29. Section des parties osseuses en enlevant aussi l'os malaire.

Fɪɢ. 30.   —   en respectant le plancher de l'orbite.

Fɪɢ. 31. Procédé de M. Bauchet pour la section des parties osseuses.

Fɪɢ. 32.   —   de M. Nélaton.

PLANCHE IV.

Fɪɢ. 1. Procédé de M. Langenbeck pour conserver la muqueuse palatiné:

Fɪɢ. 2. Ablation des deux maxillaires supérieures par le procédé de M. Heyfelder.

Fɪɢ. 3. Procédé de M. Maisonneuve pour l'ablation du même os.

Fɪɢ. 4. Procédé de M. Heyfelder pour les cas où la tumeur a acquis des dimensions énormes.

Fɪɢ. 5. Sections de l'os, pratiquée par M. Michaux, pour enlever un polype.

Fɪɢ. 6. Projet d'opération du même auteur qui n'avait pu enlever le polype par le procédé précédent.

Fɪɢ. 7. Sections de l'os indiquées par M. Bérard, pour respecter l'arcade dentaire.

Fɪɢ. 8, 9. Procédé de M. Huguier pour enlever les parois interne et antérieure du sinus maxillaire.

Fɪɢ. 10, 11. Procédé de M. Chassaignac pour attaquer les polypes par la voie nasale.

Fɪɢ. 12. Procédé de M. Despez pour atteindre le polype par la même voie.

Fɪɢ. 13. Procédé de M. Demarquay pour enlever l'apophyse montante du maxillaire et la paroi interne du sinus maxillaire.

Fɪɢ. 14, 15. Procédé de M. Vallet enlevant une partie de la paroi antérieure du sinus maxillaire.

Fɪɢ. 16. Opération de M. Vallet dans un cas où la précédente avait été insuffisante.

Fɪɢ. 17, 18. Procédé pour l'ablation de la voûte palatine et de l'arcade dentaire.

    A. Incision de M. A. Guérin.

    B. Première incision de M. Maisonneuve.

    C. Incision de M. Labat.

    D. Deuxième incision de M. Maisonneuve.

Fɪɢ. 19, 20. Procédé de M. Arrachart pour la résection partielle du maxillaire supérieur.

PLANCHE V.

Fɪɢ. 1, 2. Procédé de M. Demarquay; l'incision des parties molles respecte la lèvre supérieure.

Fɪɢ. 3, 4. Premier procédé ostéoplastique de M. Langenbeck.

Fɪɢ. 5. Procédé ostéoplastique de M. Bœckel.

Fɪɢ. 6. Procédé ostéoplastique de M. Lawrence.

Fɪɢ. 7, 8. Procédé ostéoplastique de M. Huguier.

Fɪɢ. 9. Procédé ostéoplastique de M. Dezanneau.

Fɪɢ. 10. Deuxième   —   de M. Langenbeck.

Fɪɢ. 11, 12. Procédé ostéoplastique de M. Jules Roux.

Fɪɢ. 13. Appareil de M. Nélaton pour la cautérisation des tumeurs avec le gaz d'éclairage.

PLANCHE VI.

Méthode de M. Nélaton pour l'ablation des polypes naso-pharyngiens.

Fig. 1. Incisions du voile et de la muqueuse palatine.

Fig. 2. Décollement de la muqueuse palatine.

Fig. 3. Section du feuillet postérieur du voile du palais.

Fig. 4. Le décollement de la muqueuse est complet.

Points où se pratique la section de la voûte osseuse.

A PARENT, Imprimeur de la Faculté de Médecine, rue Monsieur-le-Prince, 31